新农村健康教育系列丛书

农村环境与健康

知识读本

陶 勇 主编

中国环境出版集团·北京

图书在版编目（CIP）数据

农村环境与健康知识读本 / 陶勇主编 .—北京：中国环境出版集团，2018.11（2019.8 重印）
（新农村健康教育系列丛书）
ISBN 978-7-5111-3511-7

Ⅰ. ①农… Ⅱ. ①陶… Ⅲ. ①农村生态环境－环境保护－研究－中国 Ⅳ. ① X322.2

中国版本图书馆 CIP 数据核字（2018）第 016562 号

出 版 人 武德凯
策划编辑 徐于红
责任编辑 赵楠婕
责任校对 任 丽
封面设计 几至工作室

出版发行 中国环境出版集团（100062 北京市东城区广渠门内大街16号）
网 址：http://www.cesp.com.cn
电子邮箱：bjgl@cesp.com.cn
联系电话：010-67112765 编辑管理部
010-67162011 第四分社
发行热线：010-67125803 010-67113405（传真）
印 刷 北京中科印刷有限公司
经 销 各地新华书店
版 次 2018年11月第1版
印 次 2019年8月第2次印刷
开 本 880×1230 1/32
印 张 4.125
字 数 100千字
定 价 22.00元

“新农村健康教育系列丛书”

丛书总策划

总策划：刘剑君　罗永席

策　划：么鸿雁　陶克菲　徐于红

丛书总编委

丛书主编：刘剑君

丛书副主编：么鸿雁　赵文华　陶　勇

钱　玲　吕　青

丛书秘书：郑文静　王琦琦

《农村环境与健康知识读本》编委会

主　编：陶　勇

副主编：张　琦　李洪兴　任东升

编　委：（按姓氏笔画排序）

丁雪娇　王　珊　曲晓光　任东升

李洪兴　张文丽　张　琦　姚　伟

徐永俊　陶　勇　董国庆

统稿人：丁雪娇　陈国良

序

健康是促进人的全面发展的必然要求，是经济社会发展的基础条件。随着我国疾病谱、生态环境、生活方式的不断变化，城乡居民的健康问题也日益复杂，面临多重疾病威胁并存、多种健康影响因素交织等诸多问题。当前，受经济发展、生产生活环境、卫生条件和健康设施等诸多因素影响，广大农村地区面临的健康问题更加严重，农村居民可获取的卫生和健康知识不足、渠道有限，对健康教育的需求也非常迫切。

在中国疾病预防控制中心和中国环境出版集团的共同努力下，我们精心策划出版了这套“新农村健康教育系列丛书”，旨在为农村居民了解和学习卫生健康知识提供专业指导，通过最适合当前广大农村地区实际情况的健康知识传播途径，针对主要的健康问题，开展有效的健康教育，并通过倡导健康文明的生活方式、培养自主自律的健康行为、营造健康支持性环境，对农村居民的个人健康、生活质量和家庭幸福产生积极的促进作用，以支持广大农村地区开展健康教育工作。

本丛书有三个鲜明特点：一是深入浅出。以农村居民为主要读者群体，通俗易懂地讲述健康知识。二是图文并茂。采用插图和照片等多种方式，传递健康信息。三是实用有趣。通过故事性的叙述，形象生动地呈现农村居民生产生活中的实用知识。我们衷心期待本丛书能为广大农村居民获取健康知识、改善生活质量发挥积极的促进作用，并推动全社会更加关心、关注、关爱广大农村地区的健康事业发展！

本丛书第一辑推出农业伤害预防、儿童健康、妇女健康、老年健康、营养、理性饮酒、环境、常见慢性病防治和结核病防治九本知识读本，从不同方面为农村居民介绍卫生健康知识，全方位提供专业指导。

“新农村健康教育系列丛书”编委会

目　录

第一章　规划卫生与居室环境

1. 什么叫村镇规划卫生？ 2
2. 村镇规划卫生的任务和原则 3
3. 《村镇规划卫生规范》的主要内容 4
4. 卫生部门对村镇规划卫生进行哪些监督管理？ 5
5. 选择好的住房用地有利健康 7
6. 什么样的住宅才有利于健康？ 8

第二章　安全饮水与健康

7. 为什么说“水是生命之源”？ 12
8. 为什么要节约用水？ 13
9. 自来水的前世今生 16
10. 什么是安全卫生饮用水？ 17
11. 饮用不安全的水有什么危害？ 19
12. 哪些行为会污染饮用水？ 20
13. 保障饮用水安全，你不是一个人在战斗 22

14. 中小学生在校期间饮水和用水卫生安全......24
15. 怎样才是正确的饮水方式？......26

第三章 土壤质量与健康

16. 土壤里有什么？......29
17. 土壤也有“健康”问题......31
18. 污染的土壤会产生哪些健康危害？......33
19. 为什么说“只有健康的土壤才能生产出健康的食品”？......36
20. 为什么说一方水土养一方人？......38
21. 如何保护好我们赖以生存的土地？......40

第四章 病媒生物的危害与防治

22. 农村常见的病媒生物有哪些？......45
23. 蚊子的一生是怎样度过的？......46
24. 蚊子传播的疾病及其防治......48
25. 常见的老鼠及其危害......50
26. 农村常用的灭鼠方法......52
27. 蜱虫是什么？该如何预防和处理蜱虫叮咬？......54
28. 蝇类的种类有多少？生活习性如何？蝇类传播哪些疾病？......56
29. 蝇类的防治方法有哪些？......59
30. 蟑螂的种类以及如何防治？......60

31. 蟑螂常用防治方法的选择 62

第五章 污水与粪便管理

32. 农村污水有哪些类型？ 65
33. 污水可能造成哪些危害？ 66
34. 农村生活污水应当怎样处理？ 69
35. 改善农村水污染状况你可以做什么？ 71
36. 粪便对人和环境有哪些危害？ 72
37. 如何预防粪便的健康危害？ 73
38. 粪便的无害化处理 75
39. 为什么国家推广建造和使用卫生厕所？ 76
40. 卫生厕所如何日常维护与管理？ 79

第六章 垃圾管理与健康

41. 农村垃圾的定义及特点 82
42. 垃圾如何分类？ 83
43. 农村垃圾对农村环境和人体有什么危害？ 85
44. 农村畜禽养殖垃圾的危害及处理方法 87
45. 焚烧秸秆的危害及处理方法 90
46. “白色垃圾”的危害及处理方法 92
47. 农药包装废弃物的危害及处理方法 93
48. 焚烧垃圾的危害有哪些？ 94
49. 垃圾如何变废为宝？ 95

50. 如何让垃圾问题远离我们呢？......97

第七章 家居环境与健康

51. 是什么造成了室内空气的污染？......100
52. 生活燃料种类以及产生的空气污染物有哪些？......102
53. 室内空气主要污染物存在哪些健康危害？......104
54. 如何预防和控制室内空气污染？......107
55. 如何正确使用家用化学品？......109
56. 怎样选择优质的家用消毒产品？......110
57. 消毒剂能与杀虫剂混合使用吗？......112
58. 如何正确使用洗涤剂？......113
59. 减少洗衣粉、肥皂、合成洗涤剂的使用，保护环境......116
60. 什么样的厨房才是卫生的？......118

第一章
规划卫生与居室环境

1. 什么叫村镇规划卫生？

村镇规划卫生就是我们在进行村镇规划时，遵循预防为主的思想，从讲卫生、少得病的角度出发，依据国家有关卫生标准和要求，结合当地自然、社会和经济发展水平，科学地、因地制宜地制定规划。制定规划是一项科学性、综合性很强的工作，一个好的规划需要多部门、多学科密切配合与协作。规划部门和建设部门虽然是村镇规划的主要制定者和建设者，但大量的事实说明，只有在卫生部门和专家的共同参与下，才能达成《健康中国2030规划纲要》中提出的将健康的概念融入所有的政策中去的卫生方针要求，才能使规划更好地符合国家相关卫生标准和要求。

随着中国社会经济的不断发展，人们的物质生活水平有了很大提高的同时，对生活的环境质量也有了新的追求。居民希望自己生活的地方空气清新、饮水安全、青山绿水、宁静安详，这些都是保障人们身体健康的基础条件。一般来讲，规划制订过程中需要具有公共卫生专业的技术人员参加，他们为建设部门制定的规划提出卫生方面的合理化建议是非常必要的。这些建议既是村镇规划的重要有机组成部分，也是卫生部门对村镇规划和建设开展预防性卫生监督审查工作的重要内容之一。所以，不论是决策者在审核批准规划时，还是在制定村镇建设规划征求居民意见时，都应记得一个关键问题，那就是这个规划有没有公共卫生领域的专家参与或是否听取了卫生部门的意见和建议。

只有卫生部门的专家才能从卫生角度审查村镇按此规划建成后是否符合卫生要求，居民生活环境是否优美、心情舒畅，只有从保护居民健康方面去审查，村镇按此规划建成后，生活在这里的居民才能避免环境危险因素侵害，达到使居民不得或少得由环境危险因素引起疾病的目的。

2. 村镇规划卫生的任务和原则

村镇规划卫生的任务，就是在制定村镇规划和村镇建设中，增强和充分利用对人群健康有利的自然条件和环境因素，消除和控制不利因素，为村镇居民规划和建设一个优美、舒适、方便的生活、生产、娱乐、休闲的环境，以达到预防疾病，增进身心健康，延长寿命，提高工作效率的目的。

村镇规划卫生的原则：首先，要维护好新建村镇与周围自然生态的完整性和持续性。新建村镇不能破坏周围的自然景观和历史文物，改变天然的河流和湖泊，毁掉原有的森林和植被；新建村镇应对其产生的废气、污水和垃圾建有可靠的处理措施，避免污染周围的空气、土壤和水源。最好能够使新建村镇和居民有机地融入原有的自然生态环境中，使居民依然有生活和工作在自然环境中的感觉。

其次，要保障安全卫生的生存环境，使其具有抵御和防止自然灾害发生的能力，具备基础卫生设施（如卫生厕所、安全饮用水、污水垃圾处理设施等），促进资源再生和循环，降低资源和能源消耗。再次，要满足居民的吃、穿、住、用、医、学等日常生活需求和社会需要。最后，应该鼓励居民通过各种方式（主动建议和质询、被征求意见等）参与自己家园前期的规划、设计，这样一方面可以增进居民对规划卫生相关知识的了解，另一方面可以增强居民对自己家园自然环境和社会环境的保护意识和责任心。

按照这些原则进行规划的村镇应该满足以下特征：人口密度适宜、人均居住面积适量、丰富的生活用品和文化场所、可靠的能源和水源、足够的就业机会和满意的收入、优美的自然环境与和谐的社会环境。当然这些都需要我们每个人的劳动付出、责任担当、爱心奉献，共建共享。

3.《村镇规划卫生规范》的主要内容

《村镇规划卫生规范》(GB 18055—2012)(以下简称《规范》)由《村镇规划卫生标准》(GB 18055—2000)(以下简称《标准》)修订而来，它属于国家发布的强制性卫生标准。在2000年发布的《标准》中开头就指出“为贯彻预防为主的方针，控制天然和人为的有害因素对人体健康的直接和间接危害，充分利用有益于身心健康的自然因素，为村镇居民提供卫生良好的生活居住环境，保障身体健康，特制订本标准”。2012 年发布的《规范》中明确了“本标准规定了村镇规划和村镇基础卫生设施建设的基本卫生要求，本标准适用于新建、改建、扩建村镇的规划，也适用于现有的村镇规划的卫生学评价”。《规范》主要内容包括：村镇规划功能分区的卫生要求、村镇用地的卫生要求、村镇环境卫生基础设施的卫生要求、村镇住宅用地的卫生要求。

与《村镇规划卫生规范》相关的标准还有《生活饮用水卫生标准》（GB 5749—2016）、《农村住宅卫生标准》（GB 9981—2012）、《粪便无害化卫生要求》（GB 7959—2012）、《农村户厕卫生规范》（GB 17379—2012）。这些国家标准和规范发布的目的就是为了在我们规划、设计和建设新村镇时有参考依据，使我们的村镇建设具有长远的规划、新颖的设计、高标准的建设，适应我国对建设新农村、小康村镇、健康村镇等的要求，为农村居民安居乐业，幸福安康提供技术保障。

4. 卫生部门对村镇规划卫生进行哪些监督管理？

卫生部门中从事卫生监督的部门负责对村镇总体规划、各阶段的规划方案、具体的详细规划和各专项规划进行审查，从保护居民健康、避免规划不当对居民产生健康威胁的角度提出意见和建议。这个过程称为规划卫生的预防性卫生监督，是由卫生部门专家参与到规划工作中，提出村镇规划的有关卫生标准和卫生要求，并与其他有关部门一起研究、讨论和制定、修改规划建设方案的过程。具体内容包括：

（1）规划的用地选址是否符合卫生要求，规划的工业区和居住区是否符合卫生要求，是否考虑今后社会经济发展的用地需要。

（2）村镇功能分区和各区的相互配置是否考虑当地自然条件和卫生要求，是否设置卫生防护距离和绿化带。

（3）居住区和居住小区的规模是否合适，建筑密度、人口密度、绿地面积、公共服务设施是否合理。

（4）饮用水水源的选择及其卫生防护是否合理有效，生活污水和工业垃圾、工业废水和工业垃圾、粪便的收集、运输和处理设施是否建设，管理措施是否合理有效。

（5）道路交通规划是否满足要求，要避免交通噪声对居住区的影响，最大限度地避免交通事故带来的伤害。

对于居民来说，村镇规划卫生的好坏不但与居住环境是否舒适、安全、卫生密切相关，更与居民的健康息息相关。一个健康的生活环境，是由公众共建共享的，你有爱护环境的义务，也有参与监督的责任。如果你希望了解村镇的规划，或认为村镇规划有卫生健康方面的问题时，可以找住房建设部门进行质询，也可以找卫生部门了解规划卫生的要求。

5. 选择好的住房用地有利健康

中国传统的风水文化就是古人们在选择生存环境时，为追求生态和谐，达到天地人和谐共生的理想状态所做的经验总结。即使今日，在风水文化中仍然有我们可以采用的精华之处。从风水文化出发，结合科学要求，选择好的住房用地应该考虑以下几个方面：

首先是方位。《村镇规划卫生规范》要求，住房应该选择在有大气污染源的常年最小风向频率的下风侧。怎么理解呢？所谓"常年最小风向频率"也就是每年朝这个方向刮风的次数最少。如果这个地方每年刮西北风的次数最少，那你的住房就应该选择距污染源一定距离的西北方。

其次是地形。建造房屋应该选择地势较高、有一定坡度（最好大于15度），朝阳、通风良好、地下水位距离房屋地面大于1.5米的地段。避开易被洪水、滑坡、泥石流、河道冲蚀等自然灾害袭击和威胁的地段。

第三是土质问题。房屋所在地区的土壤应该没有受到污染，没有放射性。不能在旧坟场、死亡牲畜掩埋场、垃圾填埋场、工业有毒废渣填埋场上建造住宅。

第四是与其他公共设施的距离。住房应该与一些可能产生污染的场所或公共建筑保持一定的卫生防护距离，以保护居住人员免受异味、恶臭、微生物、噪声等的污染的影响。表1中列举了部分可能产生有害物质的建筑设施或场所，可以在选择住房用地或买房时作参考。与其他可能产生污染的场所或公共建筑的卫生防护距离，还可以咨询当地卫生部门和环境保护部门。

表1　居住用房卫生防护距离

产生有害因素的场所和规模		卫生防护距离 / 米
养鸡场 / 只	10 000 ～ 20 000	200 ～ 600
	2 000 ～ 10 000	100 ～ 200
养猪场 / 头	10 000 ～ 25 000	800 ～ 1 000
	500 ～ 10 000	200 ～ 800
小型肉类加工厂		100
乡镇医院，卫生院		100
集贸市场，不包括大牲口市场		50
垃圾卫生填埋场		300
大三格，五格化粪池		30
铁路		100
1 ～ 4 级道路		100
4 级以下机动车道		50

资料来源：本表引自《村镇规划卫生规范》（GB 18055—2012）

6. 什么样的住宅才有利于健康?

住宅是人们生活环境的重要组成部分，人的一生约有一半时间是在住宅中度过的，儿童、老年人、家庭主妇、残疾人在室内的时间更长。住宅的合理布局和卫生条件与家庭成员的健康息息相关，它不仅影响一代人的健康，还可影响到后代的健康，对儿童的生长发育影响尤其大。长期生活在阴暗潮湿房子内的人，容易患感冒、气管炎、咽炎、扁桃体炎、风湿病等。日照不足的居室缺少紫外线，不能有效杀死室内的病原微生物，如儿童长期居住在这样的房子里容易引起儿童佝偻病、儿童生长发育不良。通风不良的住房，尤其是使用煤炉或柴灶的家庭，在做饭和取暖时可能造成室内空气污染，引起呼吸道和肺部疾病。所以，一个通风良好、阳光充足、干燥保暖、不同用途房间合理分布、使用方便、保持清洁卫生的房子有益于居民的健康和幸福。健康的居住环境应满足以下要求：

（1）安全性。住宅的结构强度应符合一定抗自然灾害的要求，例如抗震、抗洪、抗风等。防盗、防火、避雷、避难路线等也是建筑设计建造的重要内容。一般来说，如果住宅不安全，当发生灾害或事故时易遭受损坏或损坏程度更严重，可能对人身安全产生重大威胁。

（2）住宅内部功能分区和布局合理。住宅的朝向以朝南为最佳。住宅内部房间数量和功能要满足家庭成员的需要。如卧室要有私密性，客厅则要设在方便和开放处，便于家庭成员聚会交流，厨房、厕所、浴室等应独立设置。室内空间的高度应不低于2.53 米，每个人占有的面积应在 20 平方米以上。

（3）室内气候舒适、干湿度适宜。室内气候舒适能保证人的体温处于平衡状态，能保证休息、睡眠和学习、工作效率。室内的气流速度应很小，以一般人感觉不到为适宜。室内温度过高过低都是恶性刺激，室内温度过高会引起中暑，室内温度过低，会造成冻伤等由寒冷引起的有关疾病。室内的舒适温度为22℃～26℃，相对湿度应在40%～65%。

（4）有良好的通风条件。房屋通风是改善室内空气质量的一个重要方法。一般来说室外的空气比室内好，房屋必须进行一定的通风换气，以减少室内有害物质浓度。当然，在室外发生了大气污染时就要紧闭门窗。

（5）采光照明充足。要求采光要充足、照明要良好，根据房间面积大小设计合理的窗户面积。

（6）室内安静。噪声会影响休息、睡眠、学习和工作。为了保证良好的睡眠、工作、学习，应尽量保持室内安静。

（7）卫生设施完备。应有独立设计的卫生间，洗手、洗衣和便器等方便使用，供水和排水有保障，水质良好。厕所应尽可能建在室内或有通道与居室连接。如厕所远离住房，在北方寒冷地区老年人和小孩晚上如厕不便，不但有摔伤的危险，而且更容易因上厕所受凉而得病。

第二章

安全饮水与健康

7. 为什么说“水是生命之源”？

地球与其他星球最大的区别在于水。迄今为止，科学家尚未发现另一颗像地球一样有水的行星，也未在没有水存在的行星上发现生命的迹象。

水是生命产生过程中不可或缺的要素，有科学家曾用甲烷、水蒸气、氨和氢气模拟早期地球的环境，并成功制造出了氨基酸。氨基酸是构成生物体的主要成分——蛋白质的组成部分。

水是维持生命存在的必要条件。首先，人体组织大部分是由水构成的，两个月的胎儿体内水分高达 97%，新生儿身体的含水量为 74%，成年人为 58% ~ 67%。人体内的水分以体液形式存在，它广泛分布在细胞内和组织间，是构成细胞、组织液、血浆等的重要物质。其次，水可以补充人体所需的营养元素。自然状况下的水含有钙、镁、铁等元素，适量摄入这些元素对人体健康有益。最后，水参与机体代谢，运输营养物质。在水的作用下，机体才能正常消化食物、吸收营养、排除废物。水还参与调节体内酸碱平衡和体温，并在各器官之间起润滑作用。

在一定条件下，水比食物更珍贵。当机体长期不进食，体内贮备的糖和脂肪完全被消耗，蛋白质失去 1/2 时，只要能正常供水，机体仍可在一定时期内存活。当人体失去 6% 的水分时会出现口渴、尿少和发烧，失水 10% ~ 20% 将出现昏厥甚至死亡。人不吃食物生命还可维持 20 余天，但如不喝水，则不过几天便会死亡。正常成人每日需水量约 2 500 毫升。人体所需水分主要来自于饮水，其他食物中所含的水和体内其他营养物质生物氧化代谢产生的水也是重要来源。摄入量和排出量基本平衡。

8. 为什么要节约用水？

地球表面 70% 都是水，其总体积约有 14 亿立方千米，而其中 97.5% 存在于海洋中。在余下的 2.5% 的淡水中，有 87% 是人类难以利用的两极冰盖、高山冰川和永冻地带的冰雪。人类真正能够利用的是江河湖泊以及地下水中的一部分，仅占地球总水量的 0.25% 左右，而且分布不均。全球约 65% 的水资源集中在不到 10 个国家，而约占世界人口总数 40% 的 80 个国家和地区却严重缺水。据联合国公布的统计数据，全球目前有 11 亿人生活缺水。我国是一个缺水的国家，陆地水资源量为 6.8 万亿立方米，但人均水资源占有量仅为世界平均水平的 1/4 左右。并且季节差异大、地区分布不均匀，总体上是东南多、西北少；山区多、平原少；沿海多、内陆少；夏季多、冬季少。

各省（直辖市、自治区）人均水资源量汇总表　　单位：立方米

序号	省（直辖市、自治区）	人均水资源量	序号	省（直辖市、自治区）	人均水资源量
1	西藏	172 078	17	湖北	1 658
2	青海	12 278	18	吉林	1 500
3	云南	5 298	19	陕西	1 220
4	新疆	4 990	20	安徽	1 118
5	海南	4 150	21	甘肃	1 100
6	广西	4 000	22	辽宁	805
7	福建	3 500	23	河南	414
8	江西	3 350	24	江苏	405
9	四川	3 000	25	山西	381
10	湖南	2 490	26	山东	334
11	内蒙古	2 200	27	河北	307
12	黑龙江	2 173	28	北京	248
13	贵州	2 123	29	宁夏	190
14	广东	2 100	30	天津	160
15	浙江	1 944	31	上海	145
16	重庆	1 802			

人类能利用的水资源主要是淡水湖泊和河流，占可利用水资源的 70% 左右。为了蓄积雨水和雨水形成的地表径流，人们还修建了水库用于提供生产生活水源。此外，在地下含水层中蕴藏的地下水也是人类重要的水源。这些水之间并不是孤立存在的，它们之间相互联系、相互影响。

水的循环

我国在水资源利用上采用优质水资源优先供给生活饮用水的原则。由于农村地区人口密度相对较小，集中式的管道生活饮用水设施的发展起步比较晚。通过近年来政府的大力投入，很多农村居民都用上了方便的自来水。供水系统为我们带来便捷的自来水，可是需要长途跋涉才能安全送达的。首先，必须有洁净和可靠的水源，湖泊、水库、井水、山泉等都是常用作农村集中式供水的水源。地表水源丰富的地区，水源比较容易获得。但在我国的西北和华北，则大多只能取用埋深上百米的深层地下水。最为缺水的地区，甚至要采用集雨水窖的方式收集雨季房屋屋顶和庭院的雨水，作为全年的用水。其次，为了保证水质的安全和卫生，还要经过一系列处理，去除泥沙、悬浮和溶解在水中的杂质，并加入消毒剂杀灭致病微生物，使水质符合卫生标准。合格的水再经过管道输送到千家万户。“自来水”来之不易，应节约用水并重视二次利用。

9. 自来水的前世今生

顾名思义，自来水是指不用人力取水，而可以自动出水的一种供水方式。准确地说，自来水系统实际是管道式集中供水系统，水在压力的作用下通过管道送往用户。有的情况下，水压是由于地形高差产生的，在没有自然高差的情况下，需要使用水泵等进行人工加压。

6 000 多年前古罗马人建成了世界上最早的集中式供水系统，即“自来水”。他们将罗马城外的泉水通过引水渠引到城市周围的水库和池塘中储存，然后通过输水管道从不同的高度进入罗马城，以满足城市用水需要。美国的大城市在 19 世纪 40 年代开始陆续建设了集中的管道供水系统。最初，这些水都是没有经过处理的。1854 年，英国医生约翰 · 斯诺发现霍乱的流行与人们饮用被污染的水密切相关。这个发现使得很多城市开始用砂滤和氯消毒工艺对集中式供水进行处理，这也是最早的水处理工艺。直到今天，过滤和消毒仍然是自来水处理的重要工艺之一。

1883 年 8 月，由英国商人开办的上海杨树浦水厂正式对外供水，这也是我国第一家自来水厂。1908 年，清朝政府在北京开办了第一个自来水公司“京师自来水股份有限公司”，由其筹建的第一个自来水厂——东直门水厂，于 1910 年 3 月正式供水，日供水能力1.87万立方米，供水管线147千米。

新中国成立以后，我国的供水设施发展迅速，到2014年，城市总供水量接近550亿立方米，超过97%的城市居民已用上自来水。到2015年底，全国82%的农村居民已经用上了自来水，全国农村集中式供水设施总计约102万处，覆盖人口7.5亿人。

10. 什么是安全卫生饮用水？

水的安全与人体健康密切相关，获得安全卫生的饮用水是人的基本权利之一。那么，什么样的水才是安全卫生的呢？我国2005年制定并经国务院常务会议审议通过的《全国农村饮水安全工程“十一五”规划》提出了“农村饮水安全评价指标体系”，其中有关于安全卫生饮用水的定义，即水质合格、水量充足、取水方便和保障率高。只有同时满足这四个条件时，才能被认为是安全饮用水。通过管道向家庭供水的方式称为集中式供水，也就是自来水。自来水往往具有较好的安全性，并且便于统一的水源卫生防护、水处理和运行管理，用户的使用也更加方便。近年来，在有可靠水源的农村地区发展集中式供水是政府的一项重点工作，将城镇的自来水管网扩建覆盖周边农村地区是解决农村饮水安全的一个有效措施。

水质合格是饮水安全的基本要求。无论城市还是农村，生活饮用水水质都必须符合《生活饮用水卫生标准》。我国的饮水卫生标准对水的感官性状指标、化学指标、毒理指标、微生物指标等都进行了规定，所有指标都低于卫生标准限值的水才是安全卫生的。

现代工业发展和人类活动带来的各种污染问题也可能对饮水安全造成威胁，近年来，有些新闻报道饮用水中检测出了某种致癌物，对此无须惊慌。我们的饮用水卫生标准对大部分在水中存在的污染物的浓度进行了限定。制定这个限值的依据是世界卫生组织和其他国家普遍采用的原则，即人终生饮用这样的水，并不会对健康造成影响。

有些水质问题可以通过望、闻等简单的方法判断。如我们早上打开水龙头时或长时间不用后刚刚打开时可能发现水呈现土黄色，这可能是管道中的铁被腐蚀后溶解在水中显现出的颜色。铁离子并没有毒性，只是造成感官的不适，只需放去陈水后即可恢复。有的水看上去清澈，但闻起来却有令人感觉不适的腥味、臭味，这样的水可能受到有机污染或藻类污染，尽量不要饮用。有的气味却是安全水的特征，如经过加氯消毒的水，闻起来有一股淡淡的氯味，经过加热煮沸，水中的余氯会全部挥发，这样的水更加安全。

11. 饮用不安全的水有什么危害？

农村改水后安全卫生的饮用水可以促进健康，水中所含的一些矿物质是身体必需的。改水前使用的不安全的水却可能造成疾病的发生和传播，特别是对处于生长发育期的儿童有很大影响。下面，我们就了解一下哪些疾病可能是由不安全的水引起或经过水传播的。

一是地方性疾病。由于天然水中溶解了土壤和岩层里的一些成分，导致区域性的水质出现不安全问题。如我国西北、华北地区的地下水氟化物含量较高，这些地区地方性儿童氟斑牙曾有较高发病率。氟斑牙多发于 7 ~ 15 岁儿童的恒牙，由于牙齿外观改变，使儿童产生自卑等不良心理，严重的还影响牙齿功能和骨骼发育，导致氟骨症。当地饮水设施中增加了除氟设备，经过处理后，水中氟化物的含量降低到了安全水平以内，氟斑牙等疾病得到了较好的控制。

我国四川、西藏、新疆、内蒙古、甘肃和宁夏等牧区还存在因为绦虫虫卵和幼虫寄生于人体内导致的包虫病。包虫病常见的症状是右上腹部闷胀不适、肝区疼痛、肝功能受损及一些消化道症状，包虫寄生于肺部，可引起咳嗽、胸痛等肺部症状，也可使肝脏或肺出现囊肿。包虫病是一种人畜共患寄生虫病，成虫寄生在狗的体内，虫卵随狗粪排出，可污染土壤、草地、水源。接触被虫卵污染的物品或水，食用被虫卵污染的食物和水，接触患有包虫病的狗、羊、牛等动物，不注意个人卫生等都可能会得包虫病。

二是介水传染病。集中式设施在给我们带来便捷的同时，也可能由于被细菌、病毒和寄生虫污染的水未得到有效的处理，或处理后的水在输送管道中遭到二次污染等原因，造成介水传染病的集中爆发。常见的介水传染病有甲肝、伤寒、副伤寒、感染性腹泻等。在印度曾发生过由于集中式供水水源受生活污水污染引起甲型肝炎大流行的案例。在我国的中小学校也发生过由于集中式供水设施被污染而导致学生集中感染的案例。调查显示，我国农村 5 岁以下儿童每人每年平均发生腹泻病 2.9 次，儿童感染性腹泻可造成或加剧营养不良，长此以往可能造成儿童生长发育迟缓。还有近年来在儿童中多发的手足口病、轮状病毒和诺如病毒感染等，均可能通过饮用被病毒污染的水传播。

还有一些慢性疾病的发生也可能与水污染相关，如那些长期饮用被有机物、重金属污染水源的人群，他们患消化道癌症的几率偏高。

12. 哪些行为会污染饮用水？

保护饮用水水源就是保护我们的生命线。但是日常的生产生活中有很多物质可能对水源造成污染，比如农药、化肥、生活污水和垃圾等是饮用水中污染物的主要来源。了解这些知识，避免污染水源，意义重大。

农药中含有高浓度的有毒物质，对人体健康和水生动植物的生长都是重大威胁。化肥中常含有氮、磷等元素，过多的氮、磷排放到水体中可能造成水体富营养化，使藻类过度繁殖，水体发臭、变黑，鱼类由于缺氧而死亡等。如我国太湖地区曾发生的“赤潮”，就是由于水体富营养化，导致红藻大量繁殖。藻类还可能释放出藻毒素，这也是一种剧毒物质。农业生产中常用的农药和化肥会溶解渗透到土壤中，直接对浅层的地下水造成污染。在经雨水冲刷后，会随着雨水流入水库、湖泊和江河。在农田周围打的深井如没有采取良好的防护措施，农药和化肥等甚至有可能通过打好的井污染深层地下水。

生活污水和垃圾也是饮用水水源的首要污染源之一。生活污水，特别是未经处理过的粪便污水含有致病菌、寄生虫等。在饮用水水源周边随意排放污水或大小便等行为会造成水源的污染，饮用被污染的水可能导致一些疾病的发生和流行。我国南方地区曾流行过的血吸虫病就是由于水体中存在寄生于钉螺中的血吸虫，人体接触或饮用了这样的水，就会感染血吸虫病。血吸虫病患者常表现为腹泻、腹痛、血便等症状，严重者有神志迟钝、黄疸、腹水、高度贫血、消瘦等表现。另外，生活污水中也含有氮和磷等元素，随意排放会造成水体的富营养化。洗涤废水中还含有合成洗涤剂，同样会造成水体的污染，危害我们的健康。垃圾污染水源主要是通过垃圾渗出的渗滤液造成的，垃圾渗滤液往往含有氮、磷等营养物质以及化学污染物和重金属离子等。

未经处理排放的工业生产废水也是饮用水水源的主要污染源之一。如纺织厂的废水往往含有大量的合成染料，电镀工厂的废水含有铅、汞、镉等重金属，会严重污染水源。餐饮业产生的废水中还含有大量的动植物油，进入水体后会覆盖在水面上，导致水体中溶解的氧气不断减少，使水源水质恶化。

13. 保障饮用水安全，你不是一个人在战斗

获得安全卫生的饮用水是每个人的基本权利，也是提高人们健康水平的基本条件。为了改善农村居民的饮水卫生条件，各级政府和相关部门不断加大投入、加强监测和管理。从 2006 年开始，国家制定了《“十一五”农村饮水安全工程规划》和《“十二五”农村饮水安全工程规划》，共投入资金 2 800 多亿元，由水利部门负责实施。10 年来，农村饮水安全水平得到了很大的改善，据统计，全国82%的农村居民已经用上了自来水，全国农村集中式供水设施总计约 102 万处，覆盖人口 7.5 亿人。饮用水的水质状况有了根本的改善。改为集中式供水之后，以往水中氟含量较高的地区儿童氟斑牙发病率下降了约80%，腹泻、痢疾、肝炎和伤寒等水传播疾病也大幅减少。同时，对于农村集中式供水的卫生管理也不断加强。卫生部门持续开展对农村集中

式供水的水质监测，对新建的集中式供水设施进行卫生学评价，定期开展卫生监督和巡查等工作，逐步加强和规范卫生管理，确保农村饮用水的水质安全。环保部门也加强了对农村集中式供水的水源地的环境监测和治理，从源头保障农村饮用水的安全卫生。

保护饮水安全人人有责。在政府和相关部门努力的同时，我们也应该明确我们的责任，了解相关知识，主动参与监督管理。第一，应避免对水源的污染。在水源地的周边不排放污水，不堆放垃圾，不随地大小便，不种植农作物，不施用化肥和农药，不在水源地进行养殖。第二，保护供水设施。集中式供水的蓄水池和管道都是供水系统的重要组成部分，我们应该不破坏蓄水池，特别是对自来水厂之外的水池应进行必要巡查，防止故意污染。不损坏管道，不私自从公共管道接管，不用重物碾压管道，防止损坏和污染。第三，树立保护供水设施和主动监督的意识。在发现水源被污染，水池、管道等供水设施有损坏时，应立即告知水厂管理人员，并督促其尽快维修和清理。发现有人损坏或污染饮用水水源或供水设施，应立即制止，并向水厂管理人员和村卫生监督协管员报告。第四，发现家里饮用水有不正常的味道和颜色时，应停止使用，并向水厂管理人员和村卫生监督协管员报告。在处理完毕和检测合格后才可恢复正常使用。第五，还应监督水厂管理方，是否按规定进行了水处理和消毒，并可要求水厂出具水质检测报告，如发现有水厂不按要求处理和消毒的情况，居民有权向村卫生监督协管员和上级卫生部门举报。

14. 中小学生在校期间饮水和用水卫生安全

学校是青少年学生学习和生活的重要场所，学生在走读学校的时间每天大约 8 小时，在寄宿学校的时间则更长。随着农村中小学校供水条件的改善，大部分学校都用上了自来水，饮水卫生和安全条件大幅改善。但是，学校师生人口密度较大，学龄青少年比较集中，从以往的调查结果看，学校仍然是传染病易于发生和传播的主要场所。

人饮用或接触被病毒或细菌污染的水可能感染甲肝、痢疾等传染病，因此注意饮水和用水卫生是学生在校期间防控传染病最主要的措施之一，应注意以下要点：

（1）饮用安全卫生的水

很多学校已经使用上了经管道供给的自来水，但有的学校仍使用自备供水。无论怎样，饮用的水应该是经过加热煮沸的开水。虽然自来水已经过处理，但是在输送过程中仍存在导致水质二次污染的风险。如长时间使用的管道中沉积的杂质会在某些情况下污染自来水，在水池中长时间储存的水可能重新滋生细菌，在一些突发情况或事故发生时水质可能会受到污染。加热煮沸是对水消毒的有效方法，在高温下，水中的细菌和病毒无法存活。

有的学校安装了净水器，向学生提供经过反渗透、超滤等工艺处理的符合卫生标准的饮用水。应注意，这样的净水器必须要有卫生部门颁发的卫生许可批件，否则其卫生安全性是不能保证的。此外，净水器安装后不是一劳永逸的，关键部件还需要定期清洗或更换才能保证水质安全。净水器的水应现制现用，不宜储存。

学校有向在校学生提供安全卫生的饮用水、按要求维护学校供水设施卫生安全的义务，在每个学期开学前应进行清洗学校的储水池等工作。学生和学生家长有监督和报告学校饮水安全状况的权利。

（2）用水卫生

1）吃饭前、饮水前、大小便后、干农活后或接触了钱币、牲畜、动物后要用流动的水洗手，并使用肥皂、香皂或洗手液，防止病从口入；

2）在打扫教室和公共场所后应立即洗手，并避免接触眼睛，防止感染急性结膜炎等；

3）每周至少洗澡1～2次，勤换洗衣物和床单；

4）不共用杯子和餐具，使用后彻底清洗，放在通风的地方晾干。

小贴士：联合国教你洗手

2008年10月15日联合国号召全世界各国开展洗手活动，形成第一个全球洗手日，此后把每年10月15日定为全球洗手日。联合国推荐正确洗手方法——六步法。

第一步：掌心相对，手指并拢相互搓擦；第二步：手心对手背，沿指缝互相搓擦；第三步：掌心相对，双手交叉，沿指缝相互搓擦；第四步：一手握另一只手大拇指，旋转搓擦；第五步：弯曲各手指关节，在另一手掌心旋转搓擦；第六步：搓洗手腕，交换进行。整个过程需要20秒左右，最后使用流动的水把手冲洗干净。

15. 怎样才是正确的饮水方式？

保障饮用水安全最后的环节在家庭。很多农村家庭都有用水缸、小水池、水桶等储存饮用水的习惯，但是如果储存方式不当，也可能造成水的污染。首先，家庭储水时间不宜过长，一般以不超过 1 天为宜。储存时间过长，水中的消毒剂会消耗完，细菌和微生物可能大量滋生。其次，储存水的容器应该加盖密闭，并经常清洗，保证清洁卫生。最后，取水应使用专用的器具，不要混用，以免造成污染。

喝开水是一种好习惯。即使自来水在经过处理和消毒后是卫生合格的，但是长期使用的管道中仍有可能存在细菌和其他微生物。因此，在饮用前对水进行煮沸是一种最有效的消毒方式。科学家研究证明，最好的饮品就是开水。把煮沸后的水自然冷却到 20 ~ 25℃后，水中的气体减少，水分子之间更为紧密，引力增大，表面张力加强，有益健康。但是烧开后的水也不宜存放过久，一般应在半天以内。

每人每天约需要摄入 2 500 毫升水。好的喝水习惯不是感觉口渴后再喝，而是少量多次饮用。每天早上起床后喝 1 杯温开水，有益健康。因为经过一夜的睡眠，水分从汗液、尿液和呼吸中消耗，血液变得浓稠，血管腔也因血流量减少而变窄，特别是老年人容易引发心脑血管栓塞等疾病。这时补充水分，不但可降低血液黏稠度，促使血管扩张，还具有洗涤胃肠道的功用，进而帮助消化，防治便秘。白天应每隔 2 ～ 3 小时喝一次水，在劳动或运动过后，虽然大量出汗，也不适合一次喝太多，以免增加心、肾负担。

第三章

土壤质量与健康

16. 土壤里有什么？

地球是人类赖以生存的家园，土地就像人类的母亲，给予了我们生存和繁衍的物质基础。可以说，土壤是我们繁衍生息在这块土地上最为重要的环境要素之一，它的卫生质量与人们的健康息息相关。

首先让我们来了解一下土壤里有什么。土壤的主要成分为矿物质，根据地域和土壤类型的不同，其组成成分也有很大差别，但总体来说不外乎四类物质。

（1）固形矿物质：主要是岩石经过风化作用形成的不同大小的矿物颗粒，包括砂粒、土粒和胶粒。土壤矿物质种类很多，化学组成复杂。化学组成直接影响土壤的物理、化学性质，是作物养分的重要来源之一。土壤矿物质是土壤构成的主体部分，约占土壤体积的 45%。

（2）液态物质：土壤中包含水分，土壤中水分的主要来源为雨、雪等大气降水带来的水分。土壤中的水分主要由地表进入，其中包括许多溶解物质。

（3）气相部分：土壤气体中绝大部分是由大气层进入的氧气、氮气等，小部分为土壤内生命活动产生的二氧化碳和水汽等。土壤气体中还可含有氨、甲烷、氢、一氧化碳和硫化氢等有害成分。土壤通过各种途径影响着居住区的大气和室内空气的成分，从而影响居民健康。

（4）有机质：指存在于土壤中含碳的有机物质。它包括各种动植物的残体、微生物及其分解和合成的各种有机质。土壤有机质是土壤固相部分的重要组成成分，尽管土壤有机质的含量只占土壤总量的很小一部分，但它对土壤形成、土壤肥力、环境保护及农林业可持续发展等方面都有着极其重要的作用。而且土壤中腐殖质含量越高，越卫生安全，所以腐殖质是很好的农作物肥料。

土壤中还含有很多微生物和寄生虫虫卵。土壤受人畜粪便和尸体等的污染可能会含有病原菌，土壤中的病原菌可在土壤中存活很长时间，有的芽孢菌甚至可在土壤中存活数年。同时，土壤也是一些人体寄生虫发育过程中所必需的一个环境，受污染的土壤可加剧寄生虫的传播。

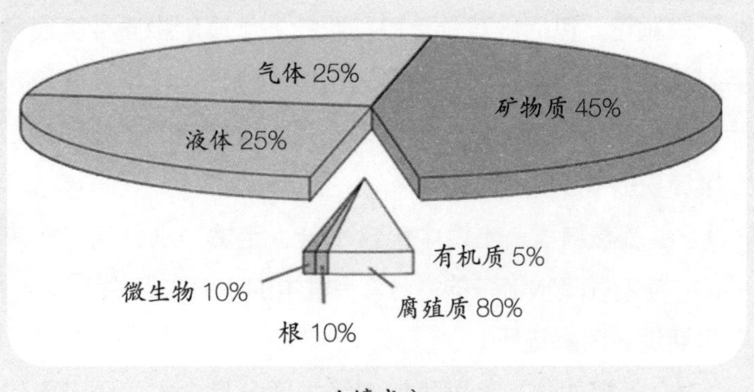

土壤成分

17. 土壤也有“健康”问题

正常的土壤通过物理、化学和生物的作用，使其中的有害物质达到一个相对无害的状态，也就是一个相对“健康”的状态，这个过程称为土壤的自净。但是由于人类的生产生活等活动常常会造成土壤的污染，从而破坏土壤的健康状态。那么我们的土壤是如何被污染的呢?

土壤污染

土壤污染主要有三个来源：

（1）工业和交通污染：我国工业固体废弃物主要来自采掘业、有色金属冶炼、化学原料及化学品制造等。若未经处理工业废弃物随意堆积，重金属元素会在雨水的淋洗下向土壤中释放其有效态成分，造成土壤的污染。同时，冶金工业排放的金属氧化物粉尘、烟尘中含有铬、铅、铜、镉等重金属，它们在重力作用下以降尘形式进入土壤。此外，来源于大气层中核爆炸降落的裂变产物和部分原子能科研机构以液体和固体形态排放的放射性废弃物也会不可避免地随自然沉降而污染土壤。交通污染源中汽车尾气排放的铅、未燃尽的四乙基铅残渣及轮胎磨损产生的粉尘，都会造成土壤污染。交通污染源造成的土壤污染有区域性特点，一般呈条带状分布，一般随公路、铁路、城市远近及交通量大小有明显的差异。

（2）农业污染：长期不科学地使用化肥农药，不仅会污染农产品而且还会使农药残留在土壤中。我国已经全面禁止六六六和 DDT 等有机氯农药的生产和使用，但在禁用了 20 多年后，此类物质在各地的土壤中检出率仍很高。此外，长期大量使用氮肥，会使土壤板结、生物学性质恶化，影响农作物的产量和质量。残留在土壤中的化肥也会被暴雨冲刷进入水体，加剧水体水质的恶化。此外，随着大棚栽培和地膜的大面积推广使用，废弃的薄膜造成农田严重的“白色污染”，这也是一种长期滞留在土壤中的污染物的来源。

（3）生活污染：人类生活过程中产生的人畜粪便、生活污水和生活垃圾都可以污染土壤。生活污水和工业废水中含有氮、磷、钾等许多植物所需要的养分，合理使用污水灌溉农田有一定的增产效果，但受我国污水总体处理水平所限，污水中仍含有许多有毒重金属污染成分，如果使用这样的污水灌溉就会造成土壤的污染。

18. 污染的土壤会产生哪些健康危害？

污染物进入土壤以后，可能为土壤所吸附，也可能在光、水或微生物作用下降解，也就是说，土壤有一定的自净能力。但当污染物增多，超过土壤自净作用的极限后，土壤就受到了污染。受到污染的土壤，其物理、化学性质会发生改变，产生如土壤板结、肥力降低、土壤毒化等变化。这些污染物除了被土壤吸附外，还可以通过挥发进入空气引起空气的污染，也可以在地表径流的作用下污染水体；被植物吸收的有害物质虽能被生物部分代谢，但其余量仍可以影响作物的产量和质量，并通过生态累积效应，通过食物链传给动物和人类，从而影响动物和人类的健康。

（1）土壤重金属污染带来的危害

重金属在土壤中一般不易随水移动，也不能被微生物分解，因而常在土壤中累积，甚至有的可能转化为毒性更强的化合物，植物吸收了这种化合物后在体内富集转化，通过食物链传递给人类，给人类带来潜在的危害。

以土壤中的汞、镉污染为例，土壤的汞污染主要来自于污水灌溉、燃煤、汞冶炼厂和汞制剂厂（仪表、电气、氯碱工业）的排放。汞进入土壤后，由于土壤的黏土、矿物和有机质有较强的吸附能力，95% 以上能迅速被土壤固定。土壤中汞的存在形态有金属汞、无机态与有机态，三种形态在一定条件下可以相互转化。土壤中的无机汞在土壤微生物作用下，有可能转化为毒性更强的甲基汞。土壤中汞含量过高时，不但能在植物体内累积，还会对植物产生毒害，引起植物汞中毒。汞化合物还可以通过食物链侵入人体，被血液吸收后可迅速弥散到全身各器官，长期累积，有可能损害健康。土壤中的重金属镉也会造成健康危害，土壤中过量的镉，不仅能在植物体内残留，而且会对植物的生长发育产生明显的危害。镉可使植物叶片受到严重伤害，致其生长缓慢，植株矮小，根系受到抑制，造成生物障碍，降低产量。镉在农作物体内富集，产生“镉米”“镉菜”，食用镉污染的农作物，可能会对人体产生健康损害。

（2）土壤农药污染带来的危害

目前世界上农药的年产量已达到 200 万吨，品种在 1 000 种以上，常见的农药也有 200 多种。造成污染的农药种类主要有有机氯农药，含有铅、汞等元素的农药以及某些除草剂。农药一般通过喷洒的方式来使用，但以这种方法施用的药物直接附着在作物上的只占不到 10%，大部分的农药或进入了土壤，或溶解在水中，或散布在空气中，从而造成了对环境的污染。

由于农药的化学性质不同，在环境中的降解过程不同，所以对人体的健康影响也不同。环境中的农药，可通过消化道、呼吸道和皮肤进入人体，从而对人体的健康造成广泛的损害。

农药污染途径

（3）土壤生物性污染的危害

土壤的生物性污染也是土壤污染危害影响较广、较严重的方面。人或动物的粪便可能含有一些病原体，这些病原体污染土壤后，可能会进一步通过种植的蔬菜瓜果感染人。许多肠道病菌、病毒都可以在土壤中存活很长时间，而一些寄生虫的虫卵存活时间则更长。一些病原体也通过接触传播，若人们在农业生产活动中与土壤有接触，病原体就可能通过皮肤或黏膜进入人体。

钩端螺旋体就很适合在潮湿的土壤里生存繁殖，随着雨季的到来，钩端螺旋体会随着流动的雨水，污染人们的生活环境，当人接触到被污染土壤，钩端螺旋体就会经黏膜和皮肤伤口进入人体内，引发钩端螺旋体病。

天然土壤中还常常含有破伤风杆菌和肉毒杆菌。这两种病菌抵抗力都很强，在土壤中可以长期存活。人体如果被生锈的铁钉扎伤或伤口特别窄而深，就容易形成缺氧的环境，引起破伤风杆菌的感染。

19. 为什么说“只有健康的土壤才能生产出健康的食品”？

在所有生态或环境体系中，土壤是保障生物安全和生态安全最基础、最根本的因素。健康的土壤是食品安全的基础。我们的土壤是农业基础，并且是大部分粮食作物赖以生长的介质。健康的土壤生产出健康农作物，这些农作物再滋养人类和动物。事实上，土壤质量和粮食数量及质量直接相关，也关系到生态和农业的可持续发展。土壤提供了粮食作物蓬勃生长所需的必要养分、水、氧气和根部支持。土壤也保护了纤弱的植物根部，使其免受温度大幅波动的影响。健康的、富有活力的土壤，不但具有提高农产品产量、质量的经济价值，而且具有减少化肥农药施用、增强保水保肥能力的生态价值。近年来，农业技术的提高和因人口增长带来的粮食需求增长，使得土壤承受的压力越来越大。在许多国家，集约化作物生产已经耗尽土壤资源，破坏了土壤生产能力，危及子孙后代的粮食供给。在我国，人多地少的国情也使我国农业生产延续高投入、高产出模式，耕地长期高强度、超负荷利用，化肥农药过量使用，有机质含量偏低，造成土壤生态系统退化、基础地力下降，长此以往会造成土壤处于“亚健康”状态。

那什么样的土壤才是健康的土壤呢？健康的土壤是一个活性的、动态的生态系统，富含大大小小有机体，它们扮演着众多至关重要的角色。前已述及土壤有机质是指存在于土壤中的含碳有机物质，包括各种动植物的残体、微生物及其分解合成的各种有机质。尽管土壤有机质的含量只占土壤总量的一小部分，但它对土壤形成、土壤肥力、环境保护及农林业可持续发展等方面都有着极其重要的作用。健康的土壤能将死亡的、衰败的物质及矿物质转换成植物所需的养分。这种有机物、水和土壤之间的养分交换和循环，对于维持土壤肥力，实现可持续生产是必不可少的。如果土壤被用于种植农作物时，没有恢复有机质和营养成分，那么，养分循环将被破坏，土壤肥力将出现下降，农业生态系统的平衡将被打破。

土壤与植物

20. 为什么说一方水土养一方人?

“一方水土养一方人”讲的是环境与人类健康的微妙关系，其中土壤作为环境生态系统中的重要一环，与人类健康的关系也尤为密切。由于土壤介于岩石圈、水圈、大气圈和生物圈之间，植物直接生长在土壤上，土壤是植物的营养物质的最主要供应地，也是营养物质的“制造工厂”和“蓄藏仓库”，起着物质转化和转移的作用。植物吸收土壤中的可溶性物质，人类再从植物或动物中获得营养物质和能量，人及动、植物死亡后仍回归土壤，经土壤的作用再转化为无机质，并通过食物链继续进行营养物质和能量的循环，这个过程把土壤与人类密切地联系在一起。

土壤和人类之间保持着一种自然平衡的关系，它是经过千百万年漫长岁月而形成的。土壤和其他环境因素一样对人类起作用，人类活动也可以影响土壤环境。它们之间是互相依赖、互相制约、紧密联系的。人类通过生产活动从自然界取得资源和能量，也以“三废”形式向土壤系统排放，土壤污染后可直接或间接地危害人体健康。各种元素在土壤、植物、动物和人类之间保持动态平衡，这种平衡一旦被破坏，就会影响到人类。由于人类的生产活动，一些重金属元素可以从地层深处的岩石圈中释放出来造成土壤污染，然后被植物吸收并在体内积累。人吃了受污染的粮食、蔬菜等食物后，重金属元素就在人体内蓄积，产生各种危害。所以了解土壤、保护土壤、防止土壤污染是人们一项十分重要的任务。

土壤污染

以土壤中的硒元素为例，硒是人体必需的微量元素之一，对人体健康有着极其重要的作用。硒在人体中含量极少，但对维持人体正常生理活动必不可少。硒有保护心脏、增强人体抗氧化能力、提高免疫力、抗衰老、解毒、预防病毒性疾病、增强生育能力等作用。人体硒的摄取量与土壤硒含量有很大关系，这是因为植物性食物是人体硒含量的重要来源。科学研究表明，我国一些著名的长寿之乡，土壤中都富含硒元素。一些研究也表明，环境土壤、饮水中缺硒与克山病的发生有一定关系。

21. 如何保护好我们赖以生存的土地？

上面谈到，土壤卫生与食品安全、人民健康息息相关，受污染的土壤不仅直接威胁人民的健康，还通过食物链间接损害人类健康。因此，做好土壤卫生保护与我们每个人的健康都关系密切。土壤卫生防护主要任务是控制土壤的污染源。要保护好我们赖以生存的土地，我们需要从以下几个方面入手：

（1）妥善处理垃圾、粪便等各种污染物，特别注意妥善处

理农药瓶等包装物。首先，要妥善处理我们的生活垃圾，不能随意丢弃垃圾，而应堆砌在村内固定的垃圾收集点，统一转运处理。垃圾的无害化处理是保护土壤卫生的重要措施和手段。我国的垃圾成分复杂，产量大，卫生问题突出。垃圾经过收集后需要进行压缩、分选和粉碎，以便进一步处理。统一收集的垃圾应做专门的无害化处理，目前广泛应用的垃圾处理方法有高温堆肥、卫生填埋和焚烧三种。卫生填埋是常用的垃圾处理方法，垃圾的卫生填埋必须符合规定的卫生标准才不会污染土壤和对人类产生危害。如填埋场必须有防渗漏的衬底，必须设置排水排气管，在填埋过程中也需要边填埋边压实。垃圾焚烧处理是一种更为高效和安全的处理方式，垃圾焚烧的优点很多，如占地面积小、产生热能、消灭病原体、经济效果好，同时还能利用其产生的热量发电，但其投资和管理成本较高，如果焚烧条件控制不好会产生污染物二噁英等污染大气。

其次，我们要对粪便进行无害化处理。粪便无害化是控制肠道传染病、增加农业肥料和改良土壤的重要措施。目前粪便无害化处理的方法有很多，我国使用较多的方法有粪尿混合发酵法、堆肥发酵法和沼气发酵法，详见本书下文相关问题。

最后，我们还要妥善处理好农业生产过程中产生的废弃物，避免农用薄膜随意丢弃而产生“白色污染”。废弃的农业用塑料材料应交给有资质的废弃物处理公司采用生物或化学的方法妥善处理。对与农药相关的废弃物我们也要妥善处理，废弃的农药包装物最好交给专业的回收公司统一处理。这些回收机构将根据农药包装物的类型以及毒性大小再做分类处理。如果实在找不到专业的机构，需要由村委会统一在专业人士指导下集中处理，高毒农药一般先经化学处理，而后在具有防渗结构的沟槽中处理；低毒、中毒农药应掩埋于远离住宅区和水源的深坑中。总之，我们要提高自己的环保意识，克服乱扔空农药瓶、塑料包装袋的不良行为，养成自觉维护环境卫生的良好习惯。

（2）关注周边企业的固体或液体废弃物排放情况，发现土壤污染的问题应及时向环保或卫生监督等部门举报或报告。工业固体废物可分为一般固体废物和有害固体废物。凡具有易燃性、腐蚀性、反应性和浸出毒性四性之一者均应列为有害固体废物。发现有违法放置、存储、运输有毒有害废弃物而导致土壤污染的现象发生，我们要积极向环保部门举报。同时，我们要坚决抵制电子垃圾的污染，近年来，人们对电子产品的消耗越来越大，废弃的电子产品如处理不当就会产生污染。电子垃圾中含有铅、汞、铬、镉、镍等几十种金属元素，但是目前一些电子垃圾仍通过一些小规模、家庭作坊式的私营企业回收处理。这些企业仍在采用简单的手工拆卸、露天焚烧或直接酸洗等落后的处理技术，这就造成残余物被直接丢弃到田地、河流或水渠中，从而导致重金属污染。发现这些情况我们应及时向有关部门反映，坚决抵制家庭作坊式的垃圾拆解处理。

（3）我们要科学使用农药和化肥，防止土壤污染。不合理的农药使用会造成土壤的污染和食物农药残留，影响人体健康。目前使用的农药主要有杀虫剂、杀菌剂、除草剂和植物生长调节剂等几类。为了防止农药的污染，我们坚决不用已经禁用的一些农药，如六六六等。同时，要尽量使用高效、低毒、低残留的新农药。在化肥的使用上，应根据土壤的特性、气候状况和农作物生长发育特点，测土配方施肥，按需施用。

（4）了解掌握土壤中有害化学物质的卫生标准，根据土壤质量合理规划安排农业种植活动。为了便于控制土壤的化学性污染，世界上许多国家都制定了土壤卫生标准（或土壤环境标准）。土壤卫生标准规定了土壤中有害物质的最高容许浓度。我国现在执行的土壤标准为《土壤环境质量农用地土壤污染风险管控标准（试行）》（GB 15618—2018），这一标准由生态环境部和国家市场监督管理总局发布，该标准公布了不同类型农用地中不同污染物的土壤污染风险筛选值。农用地土壤中污染物含量等于或低于该值的，对农产品质量安全、农作物生长或土壤生态环境的风险低，一般情况下可以忽略；超过该值的，对农产品质量安全、农作物生长或土壤环境可能存在风险，应加强监测并采取必要措施。

（5）积极配合政府部门做好土壤卫生的监测工作。土壤卫生监测是有关部门为掌握我国的土壤卫生状况，了解土壤的主要污染物种类及来源，并对居民健康的影响做出评价而开展的一项工作。通过对土壤的采样分析，可以判明土壤污染的严重程度，指导有关部门做好土壤卫生管理工作。我们应积极配合有关部门做好这项工作，共同完成土壤采样任务。

第四章

病媒生物的危害与防治

22. 农村常见的病媒生物有哪些?

病媒生物是指能通过生物和(或)机械方式将病原生物从传染源或环境向人类传播的生物。主要包括节肢动物中的蚊、蝇、蜚蠊、蚤、白蛉、虱、蠓、蚋、蜱、螨和啮齿动物中的鼠类等。因为农村环境贴近自然,更适合各种病媒生物的滋生,因此,能见到的病媒生物的种类比城市里更加丰富多样。

很多病媒生物与我们赖以生存的家有密切关系,它们的命名是用“家”或与家密切相关的字眼,例如鼠类中有褐家鼠、小家鼠、屋顶鼠,蝇类中有家蝇、厕蝇、厩蝇,蚊类中最常见的库蚊也称为家蚊,蜚蠊(蟑螂)俗名也称作灶妈子。从命名中我们可以看出,病媒生物与人类家庭关系太密切了,它们一旦进入人类家庭,就在家里吃、喝、住,在家里传播疾病、污染环境、骚扰破坏,给人类造成危害。

病媒生物可以通过直接叮咬人、污染食物等方式,将病原体传播给人类,在我国法定报告的传染病中有许多属于病媒生物性传染病。例如,老鼠可以传播鼠疫、流行性出血热、钩端螺旋体病等57种疾病,鼠类传播的鼠疫,历史上有过三次世界性大流行,夺走了3亿多人的生命;蚊子可以传播疟疾、登革热、流行性乙型脑炎、丝虫病等,其中疟疾每年在非洲造成近百万人死亡,大多为5岁以下儿童；登革热是近些年再次爆发的由伊蚊传播的疾病，每年在全球造成几亿人生病；跳蚤可以传播地方性斑疹伤寒等疾病。此外，一些消化道传染病也可以通过病媒生物的机械性进行传播，例如痢疾、伤寒。

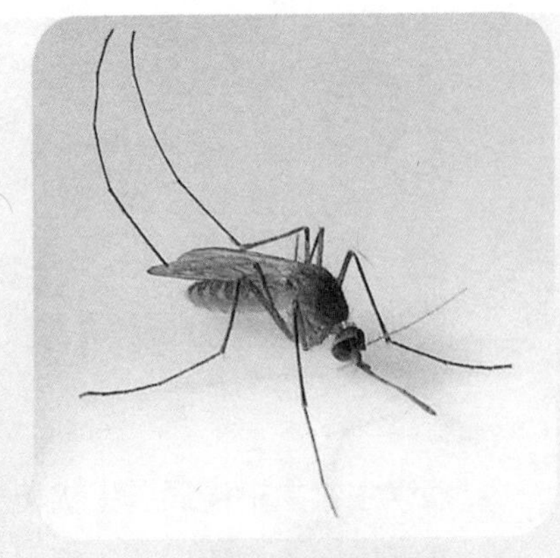
淡色库蚊（家蚊）

褐家鼠

家蝇

23. 蚊子的一生是怎样度过的？

蚊子的成长过程需要经过卵、幼虫、蛹、成蚊四个阶段。卵、幼虫、蛹都生活在水里，蛹羽化变为成蚊后飞离水面。雌蚊发育成熟后将卵产入水中。蚊虫从产卵到羽化的时间因种类、温度、营养等因素而异。在适宜温度和环境下，完成一个周期通常需要10 天左右。

蚊虫的卵长 1 毫米左右，必须在水中才能孵化。卵靠母体留存的营养和光照完成发育，夏天卵可以在 24 小时内孵化，但通常需要 2~3 天；蚊子的幼虫也叫孑孓，以水体里的腐殖质或者更小的生物为食，幼虫分为四个龄期，要蜕皮 4 次，才能化蛹；蚊虫的蛹生活时间短，基本不需要摄入食物，但大部分时间在水面上进行气体交换，经过 1~4 天的发育，蛹就开始羽化为成蚊；成蚊喜欢栖息于阴暗潮湿的环境中；只有雌蚊会咬人，它吸血是

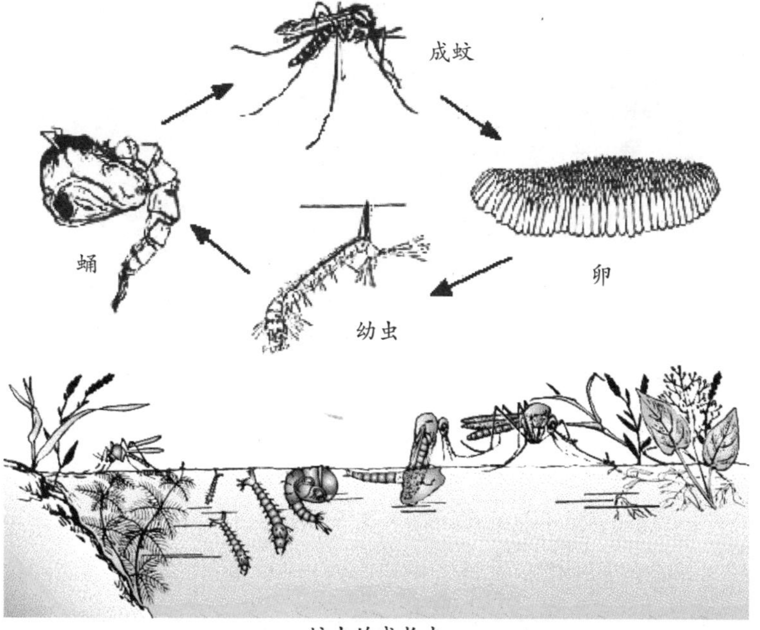

蚊虫的成长史

为了从血中获取蛋白质发育蚊卵，而雄蚊以吸取植物的汁液为食；雌蚊可以多次吸血，一次吸血后卵巢发育可以产下 50~500 只卵，然后再次吸血。

雌蚊吸血后，离开宿主，寻找合适的场所栖息，等待蚊胃中的血液消化和卵巢发育成熟。在室内栖息的蚊虫， 喜欢在潮湿的房内，尤其是在悬挂汗污的衣物上停留；在野外的栖息场所有桥洞、土穴、灌木丛、草丛、树洞和鼠洞等隐蔽的地方。

蚊虫多以成蚊或卵这两个虫态越冬，如淡色库蚊以成蚊滞育状态度过寒冷的冬季，一般多在防空洞、地下室、地窖和暖气沟等处越冬。白纹伊蚊则以卵滞育的方式越冬，通常将滞育卵黏在干燥的容器壁上。

24. 蚊子传播的疾病及其防治

蚊虫最重要的生态习性是刺叮吸血，从而传播多种传染病，包括疟疾、丝虫病和多种蚊媒病毒病。在我国已知的蚊媒病有疟疾、马来丝虫病和班氏丝虫病、日本乙型脑炎、登革热和登革热出血热。

登革热是我国近些年来流行最为严重的蚊媒传染病，主要流行于我国南方地区，该病主要是由埃及伊蚊和白纹伊蚊传播。这两种蚊子还可以传播基孔肯雅热和寨卡病毒病，基孔肯雅热曾经有小范围的流行，2016 年我国有了寨卡病毒病输入病例。疟疾是我国历史上流行较为严重的一种蚊媒病，主要由中华按蚊和嗜人按蚊等传播，随着我国疟疾消除计划的进行，通过蚊媒控制和预防性特效药的使用等，该病已经得到有效控制。流行性乙型脑炎是由三带喙库蚊传播的一种蚊媒病，疫苗的计划接种对该病的控制起到了积极作用。班氏丝虫病在我国历史上曾经大规模流行，该病主要由淡色库蚊和致倦库蚊传播，随着经济发展，人们生活方式的改变，该病已经少有发生。

日常生活中的蚊虫控制主要依靠环境治理，以消除环境中的蚊虫滋生地为主；同时，加强房屋的防蚊设施，安装纱门纱窗，使用蚊帐；在蚊虫发生的时节可使用蚊香、气雾罐等杀虫剂驱蚊灭蚊，外出时应注意加强个人防护。

（1）清除滋生地

农村居民家庭的水缸、花瓶和水养植物经常会有蚊虫滋生，至少每星期彻底换水一次；每周清理空调托盘、饮水器托盘、花盆底碟（托盘儿）积水；各种积水容器、垃圾桶最好加盖；每周检查卫生间和厨房的地漏或者更换具有防渗等功能的安全地漏，保持地漏处无积水。

（2）加装纱门纱窗，使用蚊帐

房间可安装纱门、纱窗以阻止蚊虫长驱直入，在蚊虫叮咬的高发期用滞留喷洒的杀虫剂涂抹纱窗，效果更好。休息时使用蚊帐减少人蚊接触。

（3）正确使用各类卫生杀虫剂

首先，可以使用蚊香，在天黑入睡前密闭房间点燃蚊香 1 小时，然后开窗通风（纱窗要密闭）。也可将蚊香放在通风处上风向，起到驱赶蚊子的作用。电蚊香在使用时要注意药片、药液和加热器的配套安全使用。

其次，还可使用杀虫气雾剂。黄昏时是蚊子活动的高峰期，此时使用气雾剂能起到最大效果。使用杀虫气雾剂时尽量不要朝衣物、床单、家具、皮肤、餐具上直接喷洒。不要让婴幼儿接触杀虫气雾剂。使用杀虫气雾剂要注意，对苍蝇、蚊子这样的飞虫要在空中喷洒，角度为 45° 。喷洒完毕后最好关闭门窗半小时到一小时，然后再开窗通风。杀虫气雾剂用起来方便，但喷洒过量也会有对人体产生一定的毒副作用，所以在家中使用杀虫气雾剂时一定要注意安全，防止中毒。在厨房使用杀虫剂时要加倍小心，喷洒之前要收藏好食品和餐具。如果不慎将药液喷到皮肤上，要及时清洗。

（4）加强个人防护

蚊虫发生季节，如果要去户外活动，建议穿浅色宽松的长袖衣裤，身体裸露部位可以使用蚊虫驱避剂防蚊。

25. 常见的老鼠及其危害

我们常说的老鼠在生物分类上属于脊椎动物门哺乳纲啮齿目，专业上常称之为鼠类或啮齿动物。全球有 1 700 多种鼠，我国有 200 余种。不是所有的老鼠都对人类有害，其中真正能够对我们造成危害的鼠不超过 60 种。鼠类对人类最大的危害是传播疾病，同时对农业、畜牧业、渔业、林业、水利、建筑和交通运输等各行业的发展有着不可低估的破坏作用。

鼠类可传播多种疾病。目前已知鼠类可传播的人类疾病约 160 种，我国涉及鼠类的疾病有鼠疫、肾综合征出血热、钩端螺旋体病、地方性斑疹伤寒、恙虫病、莱姆病、沙门氏菌病等 24 种。其中肾综合征出血热是发病较多的疾病，近十年每年发病 1 万人左右。

鼠源性疾病均为传染病，少数由鼠类直接传播，绝大多数是间接传播。传播途径主要分为经呼吸道传播（空气传播）、经消化道传播（食物、水）、经皮肤传播（直接接触鼠类或接触鼠类的污染物）、经节肢动物传播（如吸血昆虫、蜱螨等）。

鼠类还盗食、破坏粮食及其他经济作物。老鼠每年毁坏的粮食占世界存储粮食的 5% 以上，这些粮食可以养活 3 亿人口。

在我国，与人类共同生活、对人类危害最大的当数 3 种家栖鼠，分别是褐家鼠、黄胸鼠、小家鼠。另外，黑线姬鼠虽然属于农田害鼠，但由于是肾综合征出血热的传播媒介，故对人类亦产生很大的危害。

黄胸鼠

褐家鼠

黑线姬鼠

26. 农村常用的灭鼠方法

农村的鼠类防治，应根据鼠类滋生的特点，在不同环境协调运用各种技术和方法，将鼠类数量控制到不足为害的程度。治理鼠害的方法较多，归纳起来有以下几类：化学法、器械法、生物法、生态法和综合防治法。

化学法也称药物灭鼠法，是目前鼠害防治过程中最常用的方法，包括毒饵法。毒饵法具有成本低、效果好、效率高、能迅速降低鼠密度等优点，是当前世界上最常用的灭鼠方法。

一般来说，室内灭鼠毒饵应投放于鼠洞内或鼠类出没地点的角落，每 15 平方米放 1~2 堆毒饵，每堆 5~10 克；室外灭鼠毒饵应投放于树洞内或有鼠活动的区域，投放重点为墙基、杂物堆、垃圾点、污水排放点周围，投放量为每洞口小于 10 克，或者每平方米小于 1.5 克。毒饵应放在干燥的地方，在潮湿的地方可使用蜡块毒饵。投饵之后第二天检查，全部吃完后加倍补充，如果只取食一部分，补充到原投饵量。投放的毒饵 5 天内未被鼠类盗食，应及时更换毒饵种类或将毒饵收回。毒饵最长保留期为 15 天。

特别注意，用于灭鼠的杀鼠剂应经国家农药管理部门登记许可，且使用日期在登记许可有效期内。毒饵和毒水均应有警戒色。

灭鼠不能完全依赖药物灭鼠，否则在药物灭鼠停止后，鼠密度仍能回升至灭前的密度。食源控制较好的外环境鼠密度低，因此控制食源可以减少鼠药用量。外环境中老鼠多的地点往往食源丰富，常有暴露垃圾或其他食源。有条件的村庄需要采用带盖的垃圾桶，同时加强管理落实保洁责任制，及时清除外环境中的暴露垃圾。

用水泥混凝土堵塞硬质地面鼠洞有一定的灭鼠效果。但最好在鼠药杀灭鼠洞内老鼠后堵洞，否则鼠密度易恢复。对于土质地面的鼠洞更应该先用鼠药灭鼠，不用鼠药灭鼠只堵洞的方法几乎完全无效。

房屋的防鼠设施要完好。门窗无破损且缝隙应小于等于 6 毫米。发现防鼠设施破损，最好用鼠药杀灭破损设施中的老鼠后再修复破损设施。

可以使用鼠夹、鼠笼、粘鼠板等器械来灭鼠。捕鼠器械应放置于鼠洞周边及鼠类活动的场所，晚放晨收。投放的诱饵应为鼠类易接受的新鲜食物。捕鼠器安放 3 天后仍未捕获老鼠的，应及时更换诱饵或变更安放位置。捕鼠器械不能放置于公共区域，有小孩和宠物的场所须采取措施防止误伤。

在鼠类防治方法中环境防治是治本措施。通过破坏鼠类的食物和隐蔽条件，降低容鼠限量，不仅可提高其他防治措施的效果，有助于保持鼠类低密度，而且它本身也直接控制鼠类的数量，对人畜安全、对环境几乎不造成危害。

27. 蜱虫是什么？该如何预防和处理蜱虫叮咬？

蜱（音同“皮”），又名蜱虫、壁虱、扁虱、草爬子，是一种体形极小的寄生物，仅约火柴棒头大小。不吸血时，有米粒大小，吸饱血液后，有指甲盖儿大。宿主包括哺乳类、鸟类、爬虫类和两栖类动物。蜱在叮刺吸血时多无痛感，但由于螯肢、口下板同时刺入宿主皮肤，可造成局部充血、水肿、急性炎症反应，还可引起继发性感染。蜱还会带来传染病，如莱姆病、发热伴血小板综合征、Q热、科罗拉多蜱热、兔热病、蜱传回归热、巴贝西虫病、

吸血前

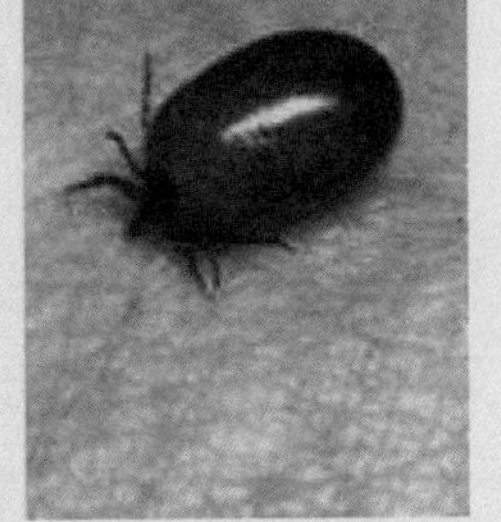

吸血后

蜱虫吸血前后对比

埃里希氏体病、蜱媒脑炎、牛无形体病、犬黄疸病等。

蜱的幼虫、若虫、雌雄成虫都吸血。多数蜱种的宿主很广泛，例如全沟硬蜱的宿主包括哺乳类、鸟类和爬行类，并可侵袭人体。蜱的吸血量很大，各发育期饱血后可涨大几倍至几十倍，雌硬蜱甚至可达 100 多倍。

蜱虫主要栖息在草地、树林中，因此外出游玩时最好在暴露的皮肤上喷涂驱避剂，尽量避免在野外长时间坐卧。注意做好个人防护，穿紧口、浅色、光滑的长袖衣服。

一旦发现有蜱已钻入皮肤，不要生拉硬拽，以免拽伤皮肤，还易将蜱的头部留在皮肤内，应尽快去医院取出，使用尖头镊子，尽可能靠近皮肤夹住它的口器将它拔出来，然后做局部消毒处理，并随时观察身体状况，如出现发热、叮咬部位发炎破溃及红斑等症状，应及时到相关部门诊断是否患上蜱传疾病，避免错过最佳治疗时机。

从左到右依次为蜱的幼虫、若虫、雄成虫、雌成虫

用弯头止血钳或者细头镊子夹住它的头部，尽量让镊子头部贴近皮肤

当皮肤凸起到达到最高并且蜱虫的头部还未断时，停止向上拔出保持当前状态 3 ～ 4 分钟。待蜱虫放松叮咬，再向上拔出

蜱虫叮咬时，拔出蜱虫要领

28. 蝇类的种类有多少？生活习性如何？蝇类传播哪些疾病？

蝇是重要的卫生害虫之一，骚扰人畜并能在体内外携带、传播多种病原。蝇类种类繁多，全世界已知 1 500 多种，我国已发现 386 种，其中与人类密切相关的蝇类主要集中在蝇科、丽蝇科、麻蝇科和花蝇科中的一些蝇种。与人密切相关的蝇类不足 50 种。一般来说，在一个地区，最普遍的蝇类仅为 8 ～ 10 种，其中又以家蝇、大头金蝇、丝光绿蝇 3 种最为普遍。另外，狂蝇科、皮蝇科是专性寄生蝇类，其生活史中幼虫阶段需在动物宿主体内完成，也可寄生在人体，是蝇蛆病的病原。

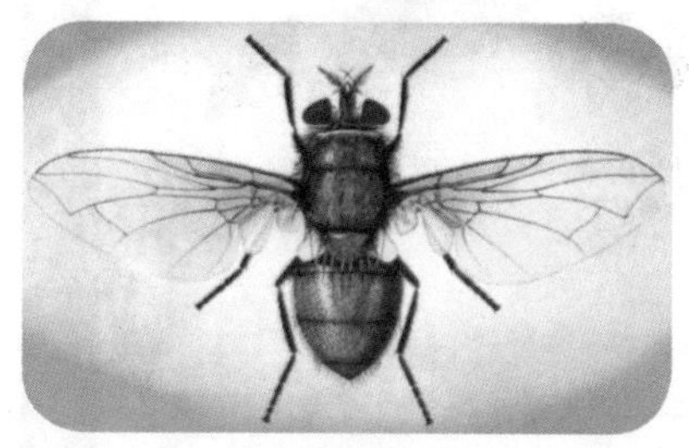

丝光绿蝇

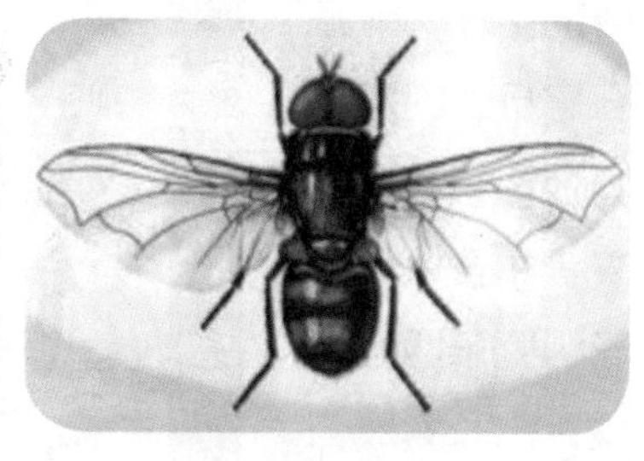

大头金蝇

苍蝇是完全变态昆虫。它的发育过程分为卵、幼虫（蛆）、蛹和成蝇四个时期。不同蝇种的发育时间受温度和环境的影响而不同，如常见的家蝇，在16℃时完成整个生活史需20天，但在30℃时只需要10~12天。苍蝇具有一次交配可终身产卵的生理特点，一只雌蝇一生可产卵5 ~ 6次，每次产卵数100 ~ 150粒，最多可达300粒左右。一年内可繁殖10 ~ 12代。

家蝇

苍蝇因携带、传播多种病原微生物而危害人类，苍蝇的体表多毛，足部抓垫能分泌黏液，喜欢在人或畜的粪尿、痰、呕吐物以及尸体等处爬行觅食，极容易附着大量的病原体，如霍乱弧菌、伤寒杆菌、痢疾杆菌、肝炎杆菌、脊髓灰质炎病毒、甲肝病菌、乙肝病毒以及蛔虫卵等；又常在人体、食物、餐饮具上停留，停落时有搓足和刷身的习性，附着在它身上的病原体很快就会污染食物和餐饮具。苍蝇吃东西时，先吐出嗉囊液，将食物溶解才能吸入，而且边吃、边吐、边拉，这样也就把原来吃进消化液中的病原体一起吐了出来，污染它吃过的食物，人如果再去吃这些食物或使用污染的餐饮具就会得病。霍乱、痢疾的流行和细菌性食物中毒都与苍蝇的传播直接相关。

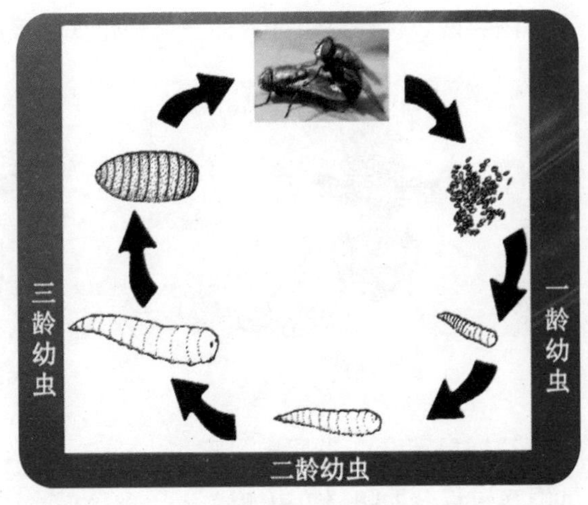

蝇类的成长史

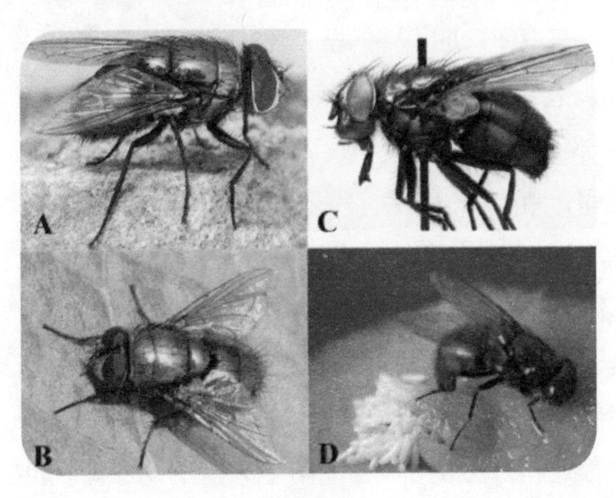

丝光绿蝇

29. 蝇类的防治方法有哪些？

蝇类的防治应以治理蝇蛆滋生的环境为主，这是治本措施；在环境治理蝇蛆滋生地的同时，还要做好防治成蝇的工作。简而言之就是“室外控制蝇幼虫滋生，室内杀灭成蝇”。

控制蝇幼虫滋生，改善环境卫生，消灭或减少蝇蛆滋生场所，控制和管理滋生地是消灭苍蝇的重要一环，主要包括以下三点措施：

（1）粪便处理：厕所应有防蝇、防蛆设备。首先，要有门有窗以便采光、通风，并防臭和防止苍蝇侵入。其次，要求贮粪坑密闭，进粪口和出粪口上有密盖以防苍蝇进入。贮粪坑周围1米的地表面要砸实，以防止蝇蛆钻入化蛹。农村土建的、简易的或暂时的厕所要加盖、有棚。

（2）垃圾处理：垃圾是家蝇的主要滋生场所，应集中起来尽快处理。方法有：①及时收集、清运，用来填平洼地或掩埋于地下，上面加土，防止苍蝇产卵。②可以混合粪便堆肥，靠发酵的热量（温度高于50℃以上）来杀死蝇蛆和卵。垃圾接运场地必须硬化地面，以便于清理。

（3）禽畜饲养场的管理：家蝇主要滋生于禽畜粪便中，当前各地小型、集体、非自动化的禽畜饲养场逐年增加，为蝇类滋生提供了有利条件。为防止蝇类滋生，禽窝、厩舍的地面结构要硬化， 便于水冲保洁，禽畜粪便要勤起勤垫及时清理，每次清理间隔时间不超过 5 天。清除的禽畜粪便可以用于产生沼气，高温堆肥；也可以采取措施，改变滋生物的性状，使之过干或过湿，避免蝇类滋生。

物理机械防治蝇类的方法多种多样，包括防蝇和灭蝇两个方面，但它是在搞好环境防治和化学防治基础上的辅助性措施。安装纱门纱窗，使用粘蝇纸、苍蝇拍灭蝇，可以收到一定的效果。

在蝇类防治中治理环境，管理好孳生物，阻止蝇类产卵、滋生是根本措施，但化学防治也是蝇类防治中必不可少的措施。虽然化学防治已经导致苍蝇产生抗药性和污染环境等问题，但由于化学防治方法具有快速、方便等特点，仍然是比较受人们欢迎的。常用的方法有滞留喷洒、空间喷洒、毒饵灭蝇、毒绳灭蝇等技术。

30. 蟑螂的种类以及如何防治？

蜚蠊，俗称蟑螂，是现存最古老的昆虫之一。体形呈椭圆，背腹扁平，可以在狭窄的缝隙、洞穴中自由出入。大部分蟑螂体长 20 ~ 25 毫米，小的不到 15 毫米，而大的可达到 35 毫米，身体颜色因种类不同而有差异，有红褐色、深褐色和浅灰色；有的种类身体表面还具有油状光泽。

全世界的蟑螂共有 5 000 多种，我国有 253 种。蟑螂大多分布在热带和亚热带区，少数分布于温带地区。蟑螂有家栖和野栖两类，野栖种类占绝大多数，生活于植物草丛，枯枝落叶堆，碎石子下，亦有生于蚁、白蚁、蜂类的巢穴中者，生境较复杂。生活于室内的种类不到 1%，与人类关系密切，是我们重点研究防治的对象。其中我国室内蟑螂有 6 科 11 属 20 种。蟑螂科大蠊属的美洲大蠊、澳洲大蠊、黑胸大蠊、褐斑大蠊、日本大蠊和姬蠊科小蠊属的德国小蠊等 6 种在我国室内的分布广泛。

蟑螂属于不完全变态的昆虫，整个生活史包括卵、若虫、成虫三个时期。卵在特殊的胶质囊内，形成卵鞘；若虫与成虫相似，只是形体较小，没有翅膀；从若虫到成虫一般经历 8~13 次蜕皮。蟑螂的生活史比较长，最短的德国小蠊完成一个世代需要两个多月，最长的美洲大蠊则需要 1 年。

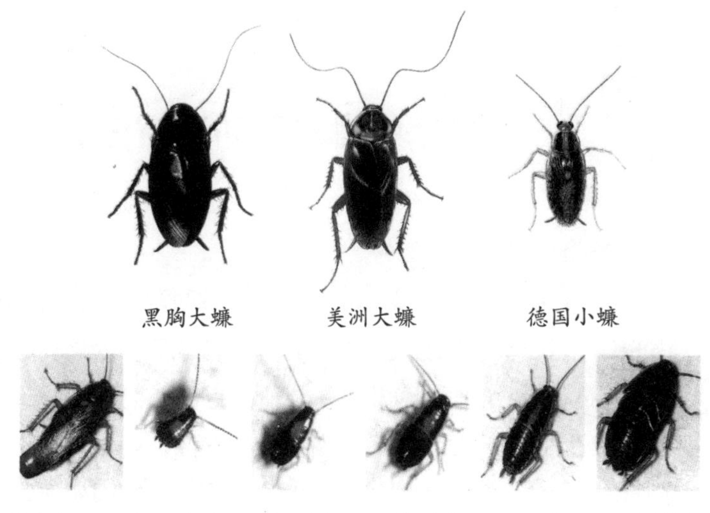

黑胸大蠊　美洲大蠊　德国小蠊

带有卵鞘的德国蟑螂雌虫　1 龄若虫　2 龄若虫　4 龄若虫　3 龄若虫　5 龄若虫

德国小蠊生活史

在农村，随着环境的改善和农民生活水平的提高，人们对蟑螂传播疾病、危害身体健康的认识逐渐增强，广大农民对蟑螂防治的呼声不断增长，加强对农村蜚蠊防治的工作显得十分重要。

在农村对蜚蠊的防治策略是：①突出环境治理为主的原则，结合农村的实际情况开展农居环境卫生治理工作。新农村建设是农居环境治理的载体，应在调研的基础上提出农居环境治理的目标，减少蟑螂和其他有害生物滋生栖息场所；②紧紧依托农村健康教育网络的辐射作用，大力开展蟑螂防治方法的宣传，提高农民的防治意识和技术；③辅以适合农村使用的各种药物、各种剂型的化学物质防治，突出安全、有效、经济、方便的用药原则。

31. 蟑螂常用防治方法的选择

（1）蟑螂化学防治方法

化学防治蟑螂的方法很多，重要的是从当地蟑螂侵害的种类、生活习性和具体环境条件出发，选择各种符合实际、经济有效且对人畜安全的方法，使其相辅相成，达到最好的防治效果。

德国小蠊因其栖息较分散、取食量少，对滞留喷洒易产生抗性，最好使用引诱力强的毒饵进行防治。美洲大蠊等因栖息较集中、对其采用重点滞留喷洒效果较理想。

通常在饭店、酿造厂、食品商店（工厂）等特殊行业，交通运输工具以及下水道等蟑螂滋生严重的场所，应首选可湿性粉剂、悬浮剂以滞留喷洒杀灭蟑螂，迅速降低虫口密度，再结合使用杀蟑螂毒饵、药笔等一种或多种方法作为辅助性防治措施。居民住宅、机关单位、学校、一般工厂等蟑螂侵害率较低且密度低的场所，以毒饵诱杀、药笔封涂等简单易行的防治方法为主，对药物无法投放到位的场所，必须结合滞留喷洒药物处理，才能收到满意效果。

（2）蟑螂物理防治方法

物理防治常采用一些简便、经济的方法，可作为化学防治的辅助措施。常用的方法有：

1）粘捕。即用粘蟑螂纸、粘蟑盒诱捕蟑螂。现国内外均有生产蟑螂粘捕盒的厂家，这种粘捕盒由粘胶底板和外套盒组成。使用时先将粘胶底板上的防粘纸撕去，再在胶板中心放上诱饵，除了采用香甜诱饵外，近来已发展了将信息素浸于粘胶底板或制成含信息素的饵料或胶水，再置于或涂于诱捕盒中的技术。这种诱捕盒粘捕效果好，使用简便。

2）诱杀。在一个空啤酒瓶或罐内放入少许香甜食饵，如面包屑等食品，瓶口内壁涂抹上一圈凡士林油或香油。瓶口外搭一条木片或硬纸片小桥，啤酒瓶可将瓶口斜靠于墙壁。蟑螂爬入瓶内由于陡滑而不能爬出。诱捕瓶晚放晨收，诱捕到后可灌入开水烫杀。

3）烫杀。厨房和食堂是蟑螂最多的场所，用开水直接浇灌蟑螂栖息活动场所，可有效烫杀蟑螂，或用蒸气直接烫杀。

除此以外，发动群众搜寻蟑螂卵荚，集中焚烧或烫杀，可以使蟑螂彻底被消灭。

第五章

污水与粪便管理

32. 农村污水有哪些类型?

我们的生产和生活都需要用水，所以不可避免地会产生污水。在农村地区，污水一般有几种类型：

（1）生活污水。包括餐厨污水、洗涤废水和粪便污水，这些污水和废水混合排放时，形成了生活污水。生活污水含有有机物和氮、磷等无机营养素、洗涤剂和油类等污染物。农村居住地点较为分散，污水排放设施的建设尚不完善，缺少集中处理设施，使得农村生活污水对环境造成了一定的污染。生活污水中氮、磷等营养物质的大量排放将造成水体变黑、变臭，以致鱼虾死亡。

（2）养殖业污水。随着养殖业的发展，养殖业产生的污水日渐成为农村地区主要的污水来源。养殖业污水与生活污水成分类似，但有机物的浓度往往更高。此外还可能有激素、抗生素等药物，并有较高的细菌、病毒和寄生虫的风险，因此需要单独处理和消毒后再排放。

（3）工业废水。随着产业升级和转移，农村地区也逐渐发展和建立了多种工业体系，工业废水逐渐成为农村地区污水的主要组成部分。不同企业排放的废水的成分各不相同，有的工业废水可能含有毒物质，需要单独处理。

工业水污染

33. 污水可能造成哪些危害?

（1）威胁农村居民的身体健康

未经适当处理的污水排入水体中，导致水环境的恶化，直接造成地表饮用水水源的污染。污水渗入地下后，还会污染地下水。污水中的污染物还会通过饮水途径进入人体，直接危害身体健康。另外，一些水生生物对污水中的污染物有富集作用，可以间接危害人体健康。如在被汞污染的水体中养鱼，假定水体中汞的浓度为1，水生生物中的底栖生物（指生活在水体底泥中的小生物）

体内汞的浓度为700倍水汞浓度，而鱼体内汞的浓度则高达水汞浓度的860倍。食用这些鱼会对人体产生健康危害。

污水危害人类健康

（2）对农业、渔业的危害

使用含有毒、有害物质的污水直接灌溉农田，不仅污染农田土壤，会使土壤肥力下降，破坏土壤结构，而且使农作物品质降低减产，甚至绝收。尤其是在干旱、半干旱地区，引用污水灌溉，在短期内可能产生使农作物产量提高的现象，但在粮食作物、蔬菜中往往积累超过允许含量的重金属等有害物质，通过食物链会危害人的健康，致使人畜受害。天然水体中的鱼类与其他水生生物会由于水污染而数量减少，甚至灭绝；淡水渔场和海水养殖业也会因水污染而使鱼的产量减少。海洋污染的后果更是十分严重。

（3）造成水体富营养化，生态环境恶化

排放含有大量氮、磷、钾的生活污水，使水中藻类丛生，植物疯长，使水体通气不良，溶解氧下降，甚至出现无氧层，致使水生植物和动物死亡，水体发黑、发臭。这种现象称为水的富营养化。富营养化的水体水质恶劣，不能直接利用，并且生态环境严重恶化，影响村容村貌和居住环境，甚至影响经济发展，造成经济损失。

（4）影响邻里关系和社区和谐

污水随意乱排可能对周边的居民和整个社区环境造成污染，引起其他居民的不满，导致矛盾。长此以往会影响邻里关系和社区和谐。企业或养殖场的污水不经处理乱排放，会污染居民居住环境，造成恶臭熏天、蚊蝇滋生、细菌繁殖、疾病传播。居民要求取缔或搬迁，可能引发纠纷和社会矛盾。

污水污染环境

34. 农村生活污水应当怎样处理？

我国幅员辽阔，不同地区的农村情况不一样，各地的居住方式、生活习惯也有较大的差异。所以，要根据各地的具体情况、特点、风俗习惯以及经济社会条件，因地制宜选择不同的污水处理方式。

长期以来，由于农村居民居住较为分散，污水往往分户就地排放。近年来，一些村镇逐步建设了污水管道和处理设施，可以实现生活污水集中收集、处理、排放。这样的方式使污水不暴露、不污染环境、不散发臭味，集中处理，排放后还能作为景观用水，因此是目前国家正在推广的模式。环境改善后的村落能够吸引游客的光顾，从而增加了村民的收入，利国利己。如果你所在的村落有合适的条件，不妨向村委会提出好的建议。

首先要管好自家的生活污水，不随意排放。有集中式污水排放管道的地方，要集中排放并统一处理。不具备集中排放处理的地方，可采用三格化粪池等对粪便污水进行无害化处理，处理后出水可用于农业肥料，既经济又环保。

农村生活污水处理可采用物理处理、化学处理、生物处理，也可将多种处理方式进行组合。如餐厨废水含有大量的油，可采用隔油池将水油分开。对粪便污水进行消毒是化学处理的方法。

生物处理是常用的处理方法，主要原理就是通过不同种类微生物的生理活动将污水的污染物和营养物质消耗、分解，还有一些植物（如芦苇）也可以净化污水。土壤渗滤是物理和生物处理的结合，适用于处理少量的、经过初步处理的污水，如三格化粪池出口的污水。土壤渗滤在部分农村家庭已有使用。但是土壤渗滤坑在使用一段时间后，其处理效率将有所降低。人工湿地一般用于处理集中收集并经初步处理的、比较大量的生活污水。采用人工湿地方式需要有适宜的地方、气候等因素，运行管理得好的人工湿地，不但可以处理污水，还能成为景观。目前，市场上有适宜农村社区使用的小型集中式污水处理成套设备。这些设备一般占地面积不大，但有一定的运行管理成本，在适宜的地方也可以采用。

如果村内有畜禽饲养场，动物粪便污水或秸秆等农业废弃物的量比较大，可以采用沼气池对污水进行处理。沼气池不但处理污水中的有机物和氮、磷等营养物质，还能产生沼气。沼气是一种清洁燃料，可用于居室供暖、做饭等。冲洗家禽饲养笼舍的污水要进行预处理和消毒后，再由污水处理厂或污水处理设施进行处理。

其他可能含有有毒有害物质的污水，如化肥和农药包装洗涤水，应注意不能排入污水集中排放管道和其他水体，应单独处理。

35. 改善农村水污染状况你可以做什么？

（1）树立环境保护和监督意识

作为自己生活环境的第一责任人，村民应密切关注自己生活居住区域的水污染状况，包括是否有企业违规排放污水、是否发生水污染事故、是否发生水质恶化和水生动物死亡等情况。在发现异常情况时，有责任及时向环保部门报告。

（2）管理好家庭的粪便污水

在房屋翻建时或在有条件的地区，应建设有三格化粪池的卫生厕所，将粪便污水中的有害细菌和寄生虫卵类物质进行无害化处理。无害化处理后的粪便中，含有大量易于农作物吸收的营养物质，可作为优质有机肥料，直接施放到农田。

（3）科学合理使用农药

减少农业生产中的污染，要减少化肥和农药的施用量，尽量施用天然肥料和实施秸秆还田技术。在有条件的地方使用节水灌溉技术，提高农业用水的效率。

（4）处理和利用好养殖业的污水

发展规模化养殖，配备处理和消毒设备，处理后的污水可用于有机农作物种植。

36. 粪便对人和环境有哪些危害?

粪便污水是生活污水的主要来源之一。粪便中含有很多对人体健康有害的病原体，包括：

（1）致病细菌。痢疾杆菌导致痢疾；伤寒和副伤寒杆菌导致伤寒和副伤寒；霍乱弧菌导致霍乱。另外，一些致病细菌还会引起其他细菌性食物中毒。

（2）致病病毒。甲型肝炎病毒导致甲型肝炎；戊型肝炎病毒导致戊型肝炎；轮状病毒导致婴幼儿腹泻；脊髓灰质炎病毒导致脊髓灰质炎；腺病毒、诺如病毒、呼肠孤病毒导致胃肠炎等。

（3）寄生虫及寄生虫病。常见的寄生虫有蛔虫、蛲虫、鞭虫、钩虫、华支睾吸虫、血吸虫、包虫、姜片吸虫、绦虫等，可引起人畜共患寄生虫病，如日本血吸虫病、包虫病、刚地弓形虫病等，严重危害人体健康。如血吸虫病在新中国成立前曾在我国长江流域肆虐，包虫病在我国西部还有发生，被称为“虫癌”。

未经无害化处理的粪便除了对人体造成健康危害外，还会污染环境，影响人居环境：

（1）心理影响：厕所中暴露的粪便在嗅觉和视觉上对于上厕所的人都会造成不良心理影响。

（2）污染水源：粪便中不但含有致病微生物，而且还含有大量的氮、磷等，一旦排入水体，既可传播疾病，又会造成水体的富营养化，导致水源无法使用。

（3）污染土壤：大量粪便如果没有进行无害化处理就集中堆放或施肥，不仅占地面积大，还会滋生蚊蝇、污染农作物，成为疾病传播和流行的隐患。

37. 如何预防粪便的健康危害?

细菌、病毒、寄生虫卵会随着患者的粪便排出体外。一般情况下，致病菌在自然环境中可存活1周，在水中可存活2～3周，在粪便中可维持1～2个月。甲型肝炎病毒在干粪中能存活30天，寄生虫卵可以在没有处理的粪便中存活数月至数年。患者或隐形感染者（疾病无症状但身体内带菌或带虫者）的粪便中都含有致病微生物。所以，患者的粪便必须要经过无害化处理和消毒才能排放，避免疾病的传播和流行。如果粪便暴露或处置不当，病原体就会通过多种途径进入人体，进而致病：

（1）粪便→手→食物→口：饭前便后不洗手或儿童在地上玩耍后不洗手就吃饭，粪便里的致病菌和虫卵就会进入人体。

（2）粪便→苍蝇→食物→口：粪便堆积（暴露）的地方，是苍蝇的滋生地，粪便会通过苍蝇污染食物和餐具，人吃了被污染的食物，粪便及病原体就会进入人体。

（3）粪便→土壤→食物→口：非卫生厕所中的新鲜粪便不经过无害化处理而直接施肥，粪便中的病原体会经土壤污染蔬菜瓜果，生吃未洗净的蔬菜瓜果，粪便及病原体就会进入人体。

（4）粪便→水→食物→口：粪便管理不当就会造成地下水或地面水的水源污染，使用被污染的水清洗蔬菜瓜果或直接饮用，粪便及病原体就会进入人体。

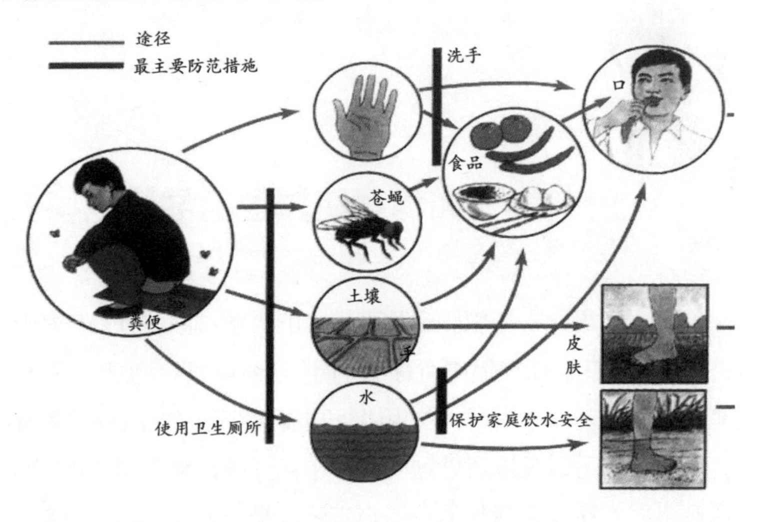

粪便污染引起疾病的途径与防范

预防粪便传播疾病的关键是把好“病从口入”这一关，不仅要注意饮食和饮水卫生，更要“关口前移”，避免粪便暴露。

① 讲究个人卫生：饭前便后洗手、常剪指甲、勤换衣服、不随地大小便。

② 建造和使用卫生厕所：卫生厕所能有效避免粪便暴露，粪便在厕所化粪池里分解、发酵，不仅得到无害化处理还能提高肥效，可用于直接对农作物进行施肥。

③ 注意饮水、饮食卫生：不喝生水，喝开水；生吃蔬菜、瓜果一定要洗净；保护好水源，严防污染。餐具、饮水具要经常消毒。

④ 积极开展爱国卫生运动：加强对粪便、垃圾和污水的卫生管理，发动群众灭蝇、灭蚊、灭蟑螂，减少病媒生物传播疾病。

38. 粪便的无害化处理

俗语有“庄稼一枝花，全靠粪当家”一说，使用农家肥作为肥料是农民的传统。由粪便所制成的有机肥料含有帮助农作物生长的必要元素，粪便中的氮、磷、钾及微量营养素提供了维持农作物生长所需的营养物质。粪便中的有机物还可改善土壤的物理性状，例如土壤的团聚状态、结构、持水力、透水性及微生物活性等，让土壤更加肥沃。目前，我国存在大量使用化肥的现象。如果农田大量施用化肥，会造成土壤养分单一、肥力下降，不仅会影响农作物的品质，还会因为化学残留危害人体健康。为了能吃上绿色有机食品，提倡用有机肥代替化肥！

粪便由于含有致病微生物，所以不能直接用于施肥。但经过无害化处理后再进行施肥，不仅可以提高肥效、节约成本，更不会污染环境造成与粪便有关的肠道传染病和寄生虫病的传播和流行。

粪便的无害化能使粪便中生物性致病因子数量降低，使病原体失去传染性，目前我国农村的粪便无害化处理方法，主要有沼气池发酵处理、三格化粪池处理、密闭贮存发酵处理、粪尿分集式厕所粪便脱水干燥处理和高温堆肥处理等。

沼气发酵（三格化粪池处理、密闭贮存发酵处理）是将粪便贮存于沼气池（三格化粪池、双瓮体）等封闭的缺氧环境中，在一定的温度、pH、含水率、碳氮比等条件下，经过微生物（厌氧菌）作用发酵，有效降低生物性致病因子（寄生虫卵、病毒和细菌等）数量的过程。

粪尿分集式厕所主要对粪便脱水干燥处理。粪便中的生物性病原体一般存活在水环境中，在粪尿分集式厕所粪坑中加入了草木灰，除有吸水吸臭的作用外，还能提高 pH 值，在这些因素的综合作用下，经过一段时间，粪便就可达到无害化的要求。

高温堆肥法是以粪便为原料的好氧性高温堆肥（包括粪便、秸秆堆肥）。高温堆肥温度可达 55℃以上，持续 5 ~ 7 天，粪便中的病原体在此环境下被杀灭，实现了粪便无害化的目标要求。

39. 为什么国家推广建造和使用卫生厕所？

（1）使用卫生厕所的益处

使用卫生厕所不仅使人心情舒畅、心理愉悦、家庭和谐，而且具有很好的经济效益、社会效益、健康效益和环境效益。经济效益方面：农村居民减少了疾病，节省了吃药看病误工的费用。社会效益方面：减少了粪便污染带来的疾病，提高了健康水平；改善了人居环境，居民们养成了良好的如厕习惯，健康意识得到了提高；提高了生活质量，促进和发展了农村精神文明建设。健康效益方面："粪→口"传播疾病明显减少，促进了家庭环境和社区环境的和谐，使居民在心理上和生理上得到了健康的升华。环境效益方面：保护环境，减少粪便对空气、水、土壤造成的污染。

（2）家庭厕所建设

家庭厕所的设计要以人为本，要保证卫生、适用、方便、安全、防臭。在进行家庭厕所设计时应以国家和地方现行的有关标准以及全国爱国卫生运动委员会办公室（简称全国爱卫办）推荐的建设图集为依据，关于厕所建造的问题可以向当地爱卫办和住建部门咨询。具备给排水条件的地区，应将厕所建在室内，既方便使用、管理和维护，又遮风避雨、保暖防冻；不具备给排水条件的地区，可根据当地的气候、环境、经济状况、民族风俗、生活习惯和农业生产用肥的习惯合理选择卫生厕所类型。室外厕所的选址可遵循以下原则：

1）厕所尽可能离居室近些，厕屋最好放在室内，既方便使用又便于管理。

2）根据常年主导风向，厕屋应建在居室、厨房的下风向。

3）厕所尽量远离水井或其他取水构筑物。

4）厕屋可利用房屋、围墙等原有墙体，降低造价。

5）厕所地下部分应建在房屋或围墙外，既利于维护，也便于出粪和清粪。

6）合理布局，符合村庄建设规划，不能把厕所建在主要道路两旁。

（3）卫生厕所类型

卫生厕所是指厕所有墙、有顶，厕坑及贮粪池无渗漏、贮粪池有盖，厕屋清洁，无蝇蛆，基本无臭味，粪便及时清出并进行无害化处理。

目前在全国推广的无害化卫生厕所主要有以下六种类型：三格化粪池式厕所、双瓮漏斗式厕所、粪尿分集式生态厕所、三联式沼气池厕所、完整下水道水冲式厕所和双坑交替式厕所。除此之外，还有一些适合局部地区使用的卫生厕所，如在缺水地区使用的通风改良式厕所（也叫 VIP 厕所）、在寒冷地区使用的深坑防冻式厕所，但是这些类型的厕所在粪便清掏后必须要进行无害化处理。

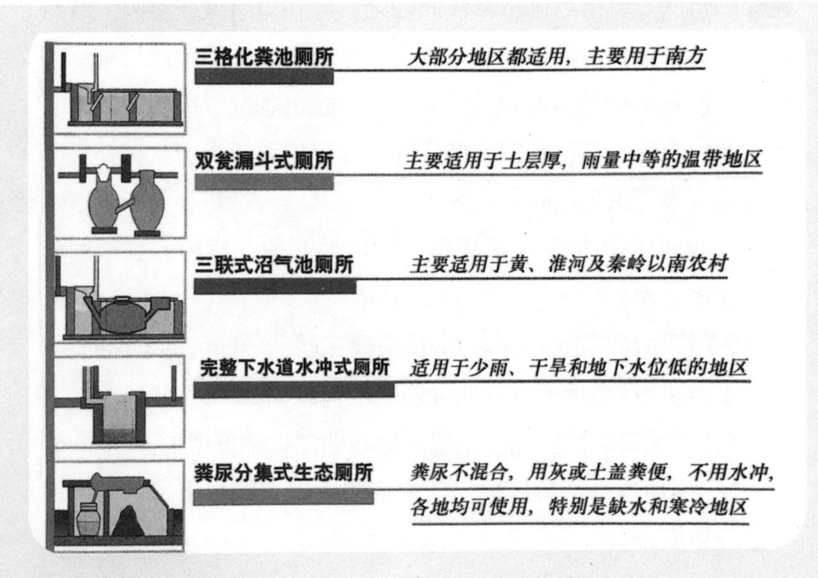

40. 卫生厕所如何日常维护与管理？

（1）正确使用

卫生厕所不仅要建好，也要管理和使用好，正确使用和管理卫生厕所是粪便无害化处理的有效措施，也是保证卫生厕所预期效果的重要因素。因此，要根据不同类型的卫生厕所采用适宜的方法进行科学、规范的使用、管理。

1）三格化粪池和双瓮漏斗式卫生厕所，要在首次使用前注水至第一格和前瓮过粪管管口处，便于粪便酵解分层，实现中层过粪。另外，如厕时不要将可能堵塞过粪管的杂物扔到化粪池，防止过粪管被堵塞。过粪管堵塞，厕所将失去粪便无害化处理功能。在使用过程中要特别注意，除了冲洗便池的水，其他水如洗浴和洗衣服的水禁止冲入便池内，以免影响无害化效果。要注意及时清理第三格和后瓮内的粪液，防止粪液溢出，影响粪便无害化处理效果。同时，还要定期清理三格和前瓮池底的粪渣，防止粪渣积累至过粪管进粪口处，影响过粪管过粪。

2）沼气池式卫生厕所要采用科学、安全的方法进行维护与管理，沼气池内勤加料和出料，经常搅拌、调节水量，寒冷地区注意保温，经常观察水柱压力表，清渣或取粪水时，不能在池边使用明火，如点灯、吸烟等，以防沼气遇火爆炸。

3）粪尿分集式生态卫生厕所必须保证粪、尿分别收集，便后贮粪池内要添加草木灰、干沙土等碱性辅料并及时清理尿液。

4）卫生厕所的贮粪池要做到不渗、不漏、有盖、密封，定期清理，粪池盖板和出粪口要经常维护，防止污染水源和环境。

5）清出的粪渣应经高温堆肥或化学法进行无害化处理，不能直接用于农田施肥。

6）公厕要有专人负责管理，户厕家庭要经常学习交流卫生厕所正确使用与管理知识，培养家庭成员养成良好的如厕习惯，保持厕所卫生清洁。

（2）管理要求

1）卫生厕所有明确的管理制度，基础设施和附属设施要完好无破损，寒冷地区的厕所应有保暖设施，保证使用安全舒适。

2）使用沼气池式厕所，必须要有经过培训的技术人员进行管理。

3）落实好厕所保洁措施，要每天打扫，地面及时清洗，保证四周墙壁、门窗整洁。

4）厕所便器及时清洁，无粪迹、尿迹、痰迹和蝇、蛆等其他污物，儿童粪便也应收集后倒入粪池。

5）厕所室内空气流通，无臭气，设施和工具摆放有序、干净整洁。

6）卫生厕所周围最好有适当的绿化、美化，环境要整洁卫生。

第六章

垃圾管理与健康

41. 农村垃圾的定义及特点

农村垃圾也叫作农村废弃物，包括农村生活垃圾、畜禽养殖垃圾、农作物秸秆、林产品废弃物、建筑垃圾和其他废弃物。其中生活垃圾包括农村居民在日常生活过程中产生的炉灰、渣土、商品包装、人畜粪便（不包括大规模工业化养殖粪便）、废旧电池、厨余垃圾、园艺垃圾、扔掉的生活用品等废弃物。畜禽养殖垃圾是指养殖场产生的粪尿、死亡畜禽尸体、冲洗圈舍污水，畜禽圈舍的垫料、废弃的饲料和散落的羽毛等固体垃圾。农作物秸秆是农作物成熟脱粒后剩余的茎叶部分，如水稻的秸秆常被称为稻草、稻藁（注音：hāc），小麦的秸秆则称为麦秆。农村林产品废弃物主要包括废弃木质家具、木质构造的建筑材料（如木门和木窗）、刨花、锯末和一次性筷子。除此之外，废弃的书写纸、纸质的饮料盒等也属于林产品废弃物。建筑垃圾主要有废砖瓦、废涂料、废泥浆、废石灰、废油漆等。

农村垃圾的特点：①种类多、产量大。农村垃圾种类繁多，主要包括生活垃圾、畜禽养殖废弃物、农作物秸秆、林产品废弃物、建筑垃圾等四十余种。②不同地区产生的垃圾分布差异大。我国幅员辽阔、民族众多，不同地区生活方式、耕种方式、作物类型、经济状况都有很大的不同，因此，不同的地区所产生的废弃物存在很大的差异。我国经济较发达的东部沿海农村，居民的生活方式非常接近城市居民，垃圾成分与城市垃圾相似，而城市化进程较慢的地区，垃圾中有机质的含量往往更高。③农村垃圾循环利用的空间大。相对于城市垃圾，农村垃圾含有较多的有机质，因此，可以采用多种途径进行利用，例如利用厌氧发酵产生的沼气发电；实行种养结合的生态型模式，建设生态农业等。

42. 垃圾如何分类?

垃圾按一定规定或标准分类储存、分类投放和分类搬运，转变成公共资源的一系列活动总称垃圾分类。一般分为可回收垃圾、厨余垃圾、其他垃圾和有害垃圾四类。

（1）可回收垃圾就是可以再生循环的垃圾。可回收垃圾主要包括废纸、塑料、玻璃、金属和布料五大类。包装上有绿色标志（见图）是属于可回收垃圾。

（2）厨余垃圾包括剩菜剩饭、骨头、菜根菜叶、果皮等食品类废物。

（3）其他垃圾主要分为医疗垃圾和干垃圾。干垃圾：盛放厨余果皮的垃圾袋、废弃餐巾纸、尿不湿、清洁灰土、污染较严重的纸、塑料袋等。医疗垃圾：带血的棉签、手术刀等含病毒垃圾。这种垃圾需要特殊处理，消毒后才可以进行填埋处理。

（4）有毒有害垃圾是指含有对人体健康有害的重金属、有毒物质或者对环境造成现实危害或者潜在危害的废弃物。包括电池、荧光灯管、灯泡、水银温度计、油漆桶、家电类、过期药品、过期化妆品等，这些垃圾一般通过单独回收或特殊填埋工艺处理。

43. 农村垃圾对农村环境和人体有什么危害?

农村垃圾的随意堆放会占用一定的土地，导致可利用的土地减少；另外，垃圾中的物质在环境中自然消解需要的时间很长，如塑料需要上百年的时间。此外，如果垃圾处理不当，还会使农村土地遭到有毒有害物质的污染，不能进行耕种。

随处乱扔的垃圾经雨水冲刷后，其有毒有害物质渗入并污染地下水，破坏饮用水水源。垃圾、畜禽粪便等被排入河流、湖泊，质地较轻的垃圾也会随风飘入水中，从而将有毒有害物质带入水体中，杀死水中生物，污染饮用水水源。

垃圾堆体中粒径较小的颗粒物将会随风扩散，造成大范围的大气环境污染；垃圾堆中的物质会在微生物的作用下发生分解，消耗氧气的同时释放出有恶臭或者有毒、有致癌性或有致畸性的挥发性气体对人体健康构成潜在的威胁。

垃圾有火灾隐患。垃圾中含有大量易燃烧的物质，长时间堆放会产生可燃气体，遇明火或自燃易引起火灾，甚至发生爆炸，至今仍有事故不断发生，造成重大损失。

垃圾堆易滋生有害生物。垃圾不但含有病原微生物，而且能为老鼠、鸟类及蚊蝇提供食物、栖息和繁殖的场所，成为传播疾病的重要环节。

由上可知，垃圾对环境有极大的威胁，那对人体有什么危害呢？垃圾存在大量的有毒有害物质，如废矿石、废矿渣中的放射性物质，农药包装废弃物中的有机化学物质，生活或医疗垃圾中带有的细菌、病毒或寄生虫等若在不同的条件进入到环境中，可通过接触、摄入等方式污染生活环境，感染人体。

放射性物质对人体健康影响很大，对人体组织和器官有损伤作用，人吸入大气中放射性微尘或误食含有放射性物质的水、水生生物、农作物等，会引起放射性疾病。放射性疾病可表现为不同程度的寿命缩短，头昏、疲乏无力、脱发、红瘢、白细胞减少或增多、血小板减少等症状，严重者主要表现为癌症的患病概率

垃圾危害农作物

增加，易患白血病、骨癌、肺癌及甲状腺癌等。

垃圾中有害化学品，如农药类和重金属，进入土壤在农作物中蓄积，间接危害人体健康；进入水体后可蓄积在悬浮物、底泥和水生生物体内，饮用含有这些有毒物质的水或食用这些水中的植物或鱼虾，砷、铬和镉等就会对人体造成危害；焚烧垃圾产生的二噁英和多环芳烃类还能进入大气中，降低人体免疫力，引起呼吸道疾病，甚至癌症。

被病原体（细菌、病毒和寄生虫）污染的垃圾若未经无害化处理，随意处置或丢弃，可造成土壤、水体等环境介质的污染，进而传播伤寒、痢疾、病毒性肝炎、血吸虫和隐孢子虫等传染病。

44. 农村畜禽养殖垃圾的危害及处理方法

（1）严重污染水体

畜禽养殖废水氮和磷的污染负荷很高，这些废水若未经处置而直接排入自然水体中，将会影响自然水体的水质，并可能会引起自然水体的富营养化，还可对鱼塘中的水生生物的生长产生严重的威胁。废水中的有毒有害成分一旦进入地下水，将会导致地下水的溶解氧含量减少，增加地下水的有毒成分，间接威胁人体健康。

（2）严重污染空气

畜禽粪便、猪（牛、鸡、鸭等）圈铺垫物和废弃饲料在微生物的作用下，会发酵产生大量的氨气、二氧化硫、粪臭素、甲烷、二氧化碳等有害气体，这些气体不仅使畜禽产生应激反应，影响其生长发育，降低畜禽产品的质量，而且会严重影响畜禽养殖场周围的空气质量，危害饲养人员及周围居民的身体健康。

（3）传播病菌

畜禽废弃物中有大量的病原微生物、寄生虫卵及滋生的蚊蝇，其中一部分虽然离开了动物身体，但仍然可以生存在自然当中，尤其是在土壤当中。这些病菌大量繁殖后，感染人体，导致疫情，甚至灾难性的危害，例如禽流感、猪流感等。

（4）危害农田生态系统

畜禽粪便在用于农田施肥前需要进行无害化处理，否则不管是长期使用或是短期使用都会给农田土壤带来危害。首先，未处理的粪便在分解的过程中会消耗土壤中的氧气，使土壤处于暂时性的缺氧状态，抑制作物吸收养分；未无害化的畜禽粪便中的氮是以尿酸盐的形式存在的，难以被作物直接吸收，容易造成土壤盐离子浓度过高，造成烧根、烧苗；粪便中所携带的杂菌病原体（大肠杆菌等）、虫卵、幼虫等也会造成土壤病虫害传染；若长期使用未无害化畜禽粪便，会导致有害菌滋生，有益生物大量减少，导致肥力流失，加重土壤板结。

（5）影响畜禽产品安全

在养殖过程中，养殖户广泛使用激素类和抗生素类添加剂，造成这些添加剂在肉产品中大量残留，直接影响人体健康；另外，这些添加剂随着畜禽产生的粪尿排放到环境中，通过农作物吸收，最终进入到人体中，对人体的健康产生巨大危害。

畜禽垃圾如何处置呢？第一，人畜分离。畜禽养殖区和人居生活区建设分开，这样不仅改善了居住环境，减少了人体受到污染的可能性，还有利于畜禽养殖垃圾的集中处理和综合利用，减少了对空气、水和土壤的污染，并提高了生产效率，有助于实现规模生产。第二，畜禽粪便无害化后还田。将畜禽粪便集中堆放，在微生物的作用下，使有机物发生降解，形成一种腐殖质土壤物质。利用高温、好氧或厌氧等技术消灭粪便中的病原菌、寄生虫及杂草种子后施与农田。第三，畜禽垃圾综合利用。畜禽粪便可经沼气池，产生沼气用于生活照明、采暖和做饭，沼液沼渣可以用做肥料。畜禽粪便可以通过熟化作用制成有机肥料，用于改善土壤结构，提高肥力和活性。

禽畜垃圾危害禽畜产品安全

45. 焚烧秸秆的危害及处理方法

秸秆焚烧污染环境，危害人体健康，所以目前要求禁止焚烧秸秆。那么焚烧秸秆有哪些危害呢？

（1）污染空气环境，危害人体健康

有研究表明，焚烧秸秆时，空气中的有毒气体和细小粉尘的含量达到本地最高值，这时这些有毒有害物质与人体接触，可能会对人的眼睛、鼻子和咽喉含有黏膜的部位产生较大刺激，轻则造成咳嗽、胸闷、流泪，严重时可能导致支气管炎发生。

（2）破坏农田，造成耕地质量下降

焚烧秸秆使地面温度急剧升高，能直接烧死、烫死土壤中的有益微生物，影响作物对土壤养分的充分吸收，直接影响农田作物的产量和质量，影响农业收益。

（3）引发火灾，威胁群众的生命财产安全

秸秆焚烧，极易引燃周围的易燃物，尤其是在村庄附近，一旦引发火灾，后果将不堪设想。

（4）引发交通事故，影响道路交通和航空安全

焚烧秸秆形成的烟雾，使空气能见度下降，可见范围缩小，容易引发交通事故。

垃圾秸秆焚烧污染空气

（5）破坏地区形象

焚烧秸秆所形成的滚滚烟雾、片片焦土，对一个地区的生态环境是最大的破坏。

秸秆废弃物处理措施：目前，农作物秸秆以直接还田和加工粗饲料等传统处理方式为主。直接还田是利用秸秆还田机具将秸秆直接粉碎、抛撒于地表，直接翻耕入土，使它腐蚀分解为肥料。秸秆可以用物理、化学、生物等处理方法制成饲料，或通过机械粉碎制成栽培食用菌的基料，或作为生产沼气的原料。

46.“白色垃圾”的危害及处理方法

地膜是一种高分子塑料薄膜，在我国高寒、干旱与半干旱地区种植蔬菜、玉米、棉花等作物时被广泛应用，起到增温、抗旱、抑制杂草生长、促苗早发、增加作物产量等作用。地膜分子量大，在自然条件下，可以在土壤中长期存留，它对生产和环境都具有较大的副作用，主要表现在以下几个方面：

（1）影响农田土壤活性

地膜残留在农田土壤表面，或者被埋在耕作土层中，阻碍了土壤吸收自然降水（雨水、雪水等）及灌溉水的能力，降低了土壤含水量，导致作物无法吸收到足够的水分；同时地膜还阻碍了空气中的氧气通过空隙进入土壤，影响了土壤中微生物的活动，降低土壤肥力。

（2）抑制农作物生长

地膜抑制了土壤的透水性和通气性，造成土壤结构破坏、板结、肥力下降。在这种土壤中种植农作物会使种子发芽困难，根系生长受阻，生长发育受到抑制。同时在残留地膜隔离作用的影响下，农作物无法正常吸收水分和养分，肥料利用效率低，最终致使产量下降。

（3）农田残留地膜其他危害

未被回收的地膜散落在农田、河塘、水渠等自然环境中，以及庭院、街道等社区环境中，会造成“视觉污染”。另外，如果残留地膜与农作物的秸秆或饲料混在一起，被牛羊等家畜误食后，轻者导致肠胃不适，严重时会引起牲畜死亡。

那么，废弃的地膜如何处置呢？首先，选择符合国家标准的质量合格的地膜（国家要求地膜厚度不少于0.008毫米）。再者，选用适当的地膜回收方式。随着农村青年劳动力的流失，采用人工回收越来越困难，按照农艺要求和回收时间，选择恰当的回收机械，并人工捡拾辅助，可以达到较为理想的效果。最后，回收的地膜可以进行再利用。采用一系列工艺，将回收的地膜加工成制造其他塑料制品的原料，或应用提取技术，提取出汽油、柴油等可用燃料。

47. 农药包装废弃物的危害及处理方法

随着农药使用范围的扩大，使用时间的延长，农药包装废弃物成了我们又一个不可忽视的农业生态污染源。农药包装物包括塑料瓶、塑料袋、玻璃瓶、铝箔袋、纸袋等几十种材质，其中有些材料需要上百年的时间才能降解。此外，废弃的农药包装物上残留的农药本身也是潜在的危害。

（1）包装物自身对环境的危害

包装物在自然环境中难以降解，散落于田间、道路、水体等环境中，造成严重的“视觉污染”；在土壤中形成阻隔层，影响植物根系的生长扩展，阻碍作物对土壤养分和水分的吸收，导致作物减产；遗落在耕作土壤中影响农用机械设备工作，遗落到水体造成沟渠堵塞。其中破碎的玻璃瓶还可能对田间耕作的人畜造成直接伤害。

（2）包装物内残留的农药对环境的危害

残留在包装物中的农药随包装移动，对土壤、地表水、地下水和农产品等造成直接污染，最终与人接触或被摄入，对环境生物和人类健康都具有长期的和潜在的危害。

如何处置农药包装废弃物呢？目前我国农药包装废弃物的管理尚未广泛推广，部分较发达的地区采取了专人收集、乡镇布点回收、专业处理公司转运和集中处理的回收模式。我们建议，作为农药最广泛的使用者，从农村居民做起，不随意丢弃农药包装废弃物，将使用过的空包装物清洗、分类、暂存，并提交到相应的回收中心。

48. 焚烧垃圾的危害有哪些？

在我国某些农村地区，由于垃圾清理不及时，有时会将其付之一炬。露天焚烧垃圾由于焚烧程度不完全，可产生二噁英、多环芳烃等有毒有害气体。二噁英是由于垃圾不充分燃烧产生的，它的毒性非常大，是砒霜的900倍。它具有致癌性，同时也可能引起许多严重慢性疾病和儿童出生缺陷。多环芳烃是由垃圾中的塑料燃烧产生的，其中的苯并［a］芘也具有致癌性，被怀疑为肺癌的主要致病因素。其他有毒有害气体还包括氯化氢、一氧化碳等。氯化氢可能引起肺水肿和呼吸道溃疡；一氧化碳进入人体后，会导致机体组织缺氧，这对儿童、老年人、患慢性心脏和肺部疾病的人群都有不利的影响。另外，焚烧垃圾时产生的带有许多有毒物质的细小的可以吸入肺的颗粒物，可以增加人患呼吸道感染、哮喘及其他呼吸道疾病的几率。

49. 垃圾如何变废为宝？

农村垃圾中的许多物质可以被综合利用，综合利用主要从六个方面进行，第一，垃圾中的可用物质如废纸、废旧塑料、织物、金属、玻璃、橡胶等可由村民分类存储，镇村集中收集，再统一卖给不同的企业回收利用；第二，养殖垃圾及厨余垃圾中的剩菜剩饭、果皮等，可以镇村为单位收集起来，投入沼气池生成沼气，或者堆肥处理产生有机肥，或者加工成饲料用于养殖；第三，灰土垃圾，主要包括炉灰、扫地土、扫院土及偶发性的拆墙、拆炕土等，可以就地回填到低洼处，填坑造地，堆制土肥，改良土壤；

垃圾再利用

第四，可燃垃圾，主要包括核桃皮、榛子皮等干果皮壳等，由于这类垃圾埋到土里不易腐烂，影响土壤质量，且热值较高，如能分开收集，可以统一制作为生物质燃料；第五，不易腐蚀的塑料制品，如餐盒、废塑料瓶、食品袋、编织袋、软包装盒等都可以回炼燃油；第六，有害垃圾，主要包括废旧电池、废旧灯管灯泡、农药瓶、油漆桶等，这类垃圾镇村集中收集后，集中存放，待达到一定数量时，统一送到有处置资质的单位处置。

50. 如何让垃圾问题远离我们呢?

要学会垃圾分类。好多人习惯所有垃圾都丢在一起，随手就扔进垃圾车或者垃圾桶中，可回收垃圾、不可回收垃圾、有毒有害垃圾堆放在一起，就会让垃圾处理的难度大大提升。合理分类，才能有效处理垃圾。很多人喜欢随手丢垃圾，觉得将垃圾丢弃后，就跟自己没有什么关系了。试想一下，如果所有人都这样做，那

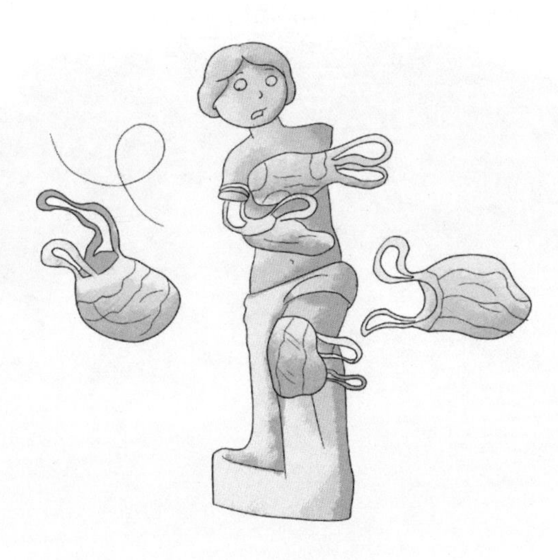

塑料袋污染环境

么我们居住的环境，用不了多久，就会变成一个“垃圾场”，试想谁愿意住在“垃圾场”里面呢？

应将垃圾正确处理后再丢弃。纸类应尽量叠放整齐，不要揉团；瓶罐类物品应尽可能将容器内产品用尽，清理干净后投放；厨余垃圾要做到袋装、密闭投放。干电池等特殊垃圾，要单独丢弃在指定的处理点。

尽量少使用一次性用品。塑料袋、一次性餐具（一次性筷子、饭盒杯子等）等多为不易降解的塑料制品或木制品，易造成环境污染和破坏，能不用尽量不用。可不要小瞧“白色污染”，应避免造成塑料袋满天飞的后果！

及时清运收集点的垃圾，不能随意焚烧垃圾。村内的保洁人员要及时清运垃圾，尤其是在夏季，天气炎热，垃圾堆放时间过长，易产生异味，吸引蚊虫，影响周围环境。未及时清运的垃圾不能烧掉，露天焚烧垃圾会造成很严重的后果，害人害己。

第七章

家居环境与健康

51. 是什么造成了室内空气的污染?

室内空气质量的好坏对人体健康有很大影响，但有些我们没有注意的行为、活动或物品等却无时无刻不在污染我们的室内空气。

一是室内燃料燃烧以及烹调时食油和食物加热后产生的污染物，这类污染物主要有二氧化硫、氮氧化物、一氧化碳、二氧化碳、苯并 [*a*] 芘等致癌性多环芳烃等以及颗粒物等。

二是由人在室内活动产生的，人体排出大量代谢物以及说话时喷出的飞沫等都是室内污染物的来源。吸烟也是室内一项重要有害物质的来源，吸烟的烟气中至少含有 3 800 种成分，其中致癌物不少于 44 种。人在室内活动产生的污染物主要有呼出的二氧化碳、水蒸气、氨类等内源性气态物，同时可能含有一氧化碳、甲醇、乙醇、苯、甲苯、苯胺、二硫化碳、甲醛等外来物或外来物在体内代谢后的产物。呼吸道传染病患者和带菌者都可将流感病毒、结核杆菌等病原体随飞沫喷出污染室内空气。

三是建筑材料和装饰品等产生的污染物，特别应引起重视的是甲醛和氡。甲醛主要用来生产脲醛树脂、酚醛树脂等黏合剂和生产泡沫塑料与壁纸。它们广泛用于房屋的防热、御寒、隔音与装饰，这些材料中的甲醛可逐渐释放出来污染室内空气。室内甲醛的主要来源为复合地板及中密度板等复合木材、涂料、家具、胶黏剂等。室内挥发性有机物主要来源于涂料中的溶剂、稀释剂、胶黏剂、防水材料、壁纸、地毯、地板和其他装饰品。氡主要来自砖、混凝土、石块、土壤及粉煤灰的预制构件中。

四是来自室外的污染，主要污染物包括：①来自工业、交通运输所排出的污染物如二氧化硫、氮氧化物、一氧化碳、铅、颗粒物等；②来自植物花粉、孢子、动物毛屑、昆虫鳞片等的变应原物质；③来自房屋地基的地层中的氡及其子体等固有物和在建房前已污染地区的污染物；④从水管中引入的致病菌或化学污染物；⑤从衣服中带来的工作场所或室外的各种污染物等。

室内空气污染来源

52. 生活燃料种类以及产生的空气污染物有哪些？

做饭和取暖使用的燃料释放的烟雾是室内空气污染的重要来源，这些烟雾含有一些有害物质，包括二氧化硫、一氧化碳、二氧化碳、氮氧化物、多环芳烃、颗粒物等。长期吸入有害气体，将对身体健康产生不同程度的影响。我国目前常用的生活燃料有以下几种：①气体燃料，包括天然气、煤制气和液化石油气；②固体燃料，包括原煤、蜂窝煤和煤球；③生物燃料，包括木材、植物秸秆及牛、马、骆驼等干燥粪便。气体燃料产生的污染物较少，一般仅有二氧化碳和水。而固体燃料和生物燃料则更可能造成室内空气污染。

（1）燃煤污染

我国是产煤大国，也是耗煤大国，采用燃煤进行取暖和做饭的地区很多，特别是开放式的燃煤，可能产生化学污染物，造成严重的室内空气污染。煤的燃烧产生的污染物，成分可分为7大类，主要是以一氧化碳（CO）和二氧化碳（CO_2）为代表的碳氢化合物。当燃烧时氧气充足则主要产物为二氧化碳，当燃烧时氧气不足则会产生大量一氧化碳。其余各类分别是含氧类烃、多环芳烃、硫氧化物、氟化物、金属和非金属氧化物、悬浮颗粒物

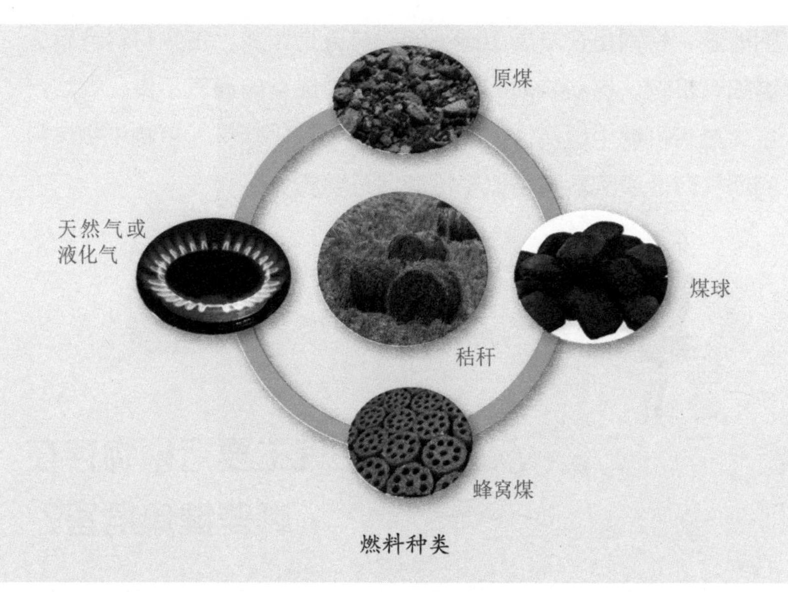

燃料种类

等。煤中含杂质硫燃烧后产生的硫氧化物主要有二氧化硫，它对环境、动植物和人体健康的危害极大，也是我国许多地区引发酸雨的主要物质。

我国某些地区煤矿生产高氟煤，居民燃用高氟煤做饭、取暖可使空气中氟浓度偏高，空气中的氟通过呼吸进入体内损害健康，可能导致氟中毒的发生。另外，有些地区还有用煤烘烤粮食和蔬菜的习俗，烘烤的食物可吸附煤中的氟化物，居民因此通过食物摄入过量氟。煤中若含有铅、镉等元素，燃烧时可产生相应的氧化物，大多数的氧化物均具有毒性。燃煤时可产生颗粒物质，颗粒物质可以吸附很多有害物质，它们粒径小，可以进入呼吸道，危害人体健康。

（2）生物燃料污染

大约 50%的发展中国家依赖生物燃料作为家庭取暖和做饭

的能源，特别是在发展中国家的农村更是如此，生物材料含有大量的有机物，这些物质的开放燃烧会造成室内通气不良，燃烧产生大量有机烟尘以及许多有害物质如一氧化碳等，接触生物燃料的烟气对健康的危害类似于接触烟草烟雾。

53. 室内空气主要污染物存在哪些健康危害？

室内空气中的主要污染物包括颗粒物、二氧化硫（SO_2）、二氧化氮（NO_2）、甲醛（CH_2O）和一氧化碳（CO）等，每种污染物都对人体存在危害作用，但当室内的各种污染物共存时，对人体的危害大于各自污染物毒性的简单加和。

（1）颗粒物对健康的影响

颗粒物是指呈气溶胶态的大气污染物。颗粒物对健康的影响与其粒径和组成成分相关。粒径大于 10 微米的颗粒物不易进入呼吸道；粒径为 5 ~ 10 微米的颗粒物多在上呼吸道沉积；粒径为 2.5 ~ 5 微米的颗粒物多在细支气管和肺泡沉积；粒径在 2.5 微米以下的颗粒物 75% 在肺泡内沉积；但小于 0.4 微米的颗粒物可以较自由地出入肺泡并随呼吸排出体外，因此在呼吸道中的沉积较少；颗粒物对健康的影响与颗粒物的组成成分密切相关，颗粒物的有机成分可作为佐剂诱发哮喘或加剧变态反应性鼻炎的症状。颗粒物的多环芳烃含量与颗粒物的致癌活性相关。含有细菌、病毒、真菌等微生物的颗粒物可能引起呼吸道传染病的流行。吸附有害气体的颗粒物可以刺激或腐蚀肺泡壁，长期作用可使呼吸道防御功能受到损害。此外，某些颗粒物的成分十分复杂，颗粒物中的多种化学成分可能还给健康带来联合毒害作用。

（2）二氧化硫对健康的影响

二氧化硫对呼吸道黏膜具有刺激作用，可引起呼吸道急性和慢性炎症，肺功能下降；吸附二氧化硫的可吸入颗粒物被认为是一种过敏源，能引起支气管哮喘；二氧化硫在苯并 [*a*] 芘致肺癌过程中具有一定的促癌作用；二氧化硫被肺泡吸收后，能与血液中的维生素 B_1 结合，破坏正常情况下的体内维生素 B_1 与维生素 C 的结合，使体内维生素 C 的平衡失调，从而影响新陈代谢和生长发育。此外，二氧化硫还可形成酸雨进而危害环境和健康。

二氧化硫危害

（3）二氧化氮对健康的影响

二氧化氮易于侵入呼吸道深部细支气管及肺泡，长期低浓度吸入可导致肺部组织损坏，引起肺水肿，严重时也可引起慢性阻塞性肺疾病。有流行病学研究表明，哮喘儿童发生支气管炎症状的增多与长期接触二氧化氮有关。

（4）甲醛对健康的影响

甲醛是一种挥发性有机化合物，一般住宅在新装修后甲醛的峰值约为 0.2 毫克 / 米 ^{3}，个别可达 0.87 毫克 / 米 ^{3}，使用一段时间后下降至 0.04 毫克 / 米 ^{3} 或更低。厨房在使用煤炉和液化石油气时，甲醛可达 0.4 毫克 / 米 ^{3} 以上。甲醛污染对人体的影响不容忽视。有些刚装修完的房间会使人流泪、呼吸困难，这是因为甲醛有刺激性，在空气中能对眼、鼻、喉、皮肤产生明显刺激作用。甲醛浓度达 0.15 毫克 / 米 ^{3} 可引起眼红、眼痒、流泪，咽喉干燥发痒、喷嚏、咳嗽、气喘、声音嘶哑，胸闷，皮肤干燥、发痒、皮炎等。甲醛还可引起变态反应，主要是引发过敏性哮喘，大量接触可引起过敏性紫癜；长期接触甲醛，能出现神经衰弱症状，有的还可引起肝功能异常。遗传毒性研究发现，甲醛能引起基因突变和染色体损伤，特别是对儿童、老人和孕妇的危害更为严重。

（5）一氧化碳对健康的影响

一氧化碳为无色无味气体，是燃料不完全燃烧产生的污染物，它在空气中很稳定，如果室内空气通风较差，一氧化碳就会长时间滞留在室内，这也是导致冬季多发一氧化碳中毒的原因。一氧化碳对人体有很大危害，一氧化碳与血红蛋白的结合能力比氧高，因此它会使血液输送氧的能力减弱，造成缺氧症，当一氧化碳浓度为低浓度（12.5 毫克 / 米 ^{3}）时，无自觉症状，达到一定浓度（50.0

毫克 / 米 ^{3} ）时会出现头痛、疲倦、恶心、头晕等感觉，达到更高浓度时（700 毫克 / 米 ^{3} ）会出现心悸亢进，并伴有虚脱危险，浓度达到 1 250 毫克 / 米 ^{3} 时会出现昏睡，痉挛以致死亡。室内空气标准规定一氧化碳浓度限值为 10 毫克 / 米 ^{3}。

54. 如何预防和控制室内空气污染？

室内空气污染来源复杂，污染物种类众多，我们应该采取多方面措施保护自身健康。为防止室内空气污染，首先，要控制污染来源，柴草是农村使用的重要能源，但它的利用率低，且造成的空气污染严重。为减少农村住宅室内空气污染，建议农村地区推广秸秆固体成型燃料和秸秆联户沼气工程，建议农村居民换用清洁燃料炉具。社区组织开展健康宣传，引导居民合理处置农收后的生物燃料，不随意在田间地头燃烧。

其次，要做到在建造和装修房屋时尽量选择符合国家标准的材料和电器，即在建造和装修房屋时少引进装修污染源。现在建材部门对涂料中有机溶剂的含量做了规定，限制了涂料中的挥发性溶剂浓度，当然若条件允许，最好使用绿色涂料，尽可能使涂料中不含有机挥发组分。具体防治措施有：①从控制污染源的角度出发，首先应加强对建筑装饰材料生产的管理，使建筑材料产品符合国家相关标准，用户在购买时也要有环保意识，尽量选择有环保标志的正规建材；②在整修房屋时，如果大量使用油漆，必须同时搞好通风，冬季更应如此，此举可预防中毒事件的发生；③新房装修后不要急于入住，应尽量使污染物散发出去后再入住，入住后也要保持室内通风换气，保持室内空气新鲜。

再次，应该提醒农村居民从生活习惯上降低室内空气污染，如根据天气情况应经常开门、开窗，促进室内空气污染物的排放。从事室内操作如燃煤取暖或炒菜做饭时，如经济条件允许还可利用一些辅助设备如抽油烟机、排风扇等减少室内空气污染物的浓度，使人生活在一个清新舒适的空间。

最后，引导居民培养和保持良好的生活习惯，如不在室内吸烟，经常加强身体锻炼，合理饮食，劳逸结合等。

减少室内空气污染措施

55. 如何正确使用家用化学品？

家用化学品，是指用于家庭日常生活和居住环境的化工产品。从大的方面讲，也包括用于公共场所的化学品。目前我国家用化学品的用途十分广泛，已经渗透到人们衣、食、住、行等生活中的各个方面。

家用化学品具有种类繁多、使用分散、需求量大、使用人群广泛、接触时间长等特点。常用的家用化学品根据使用目的大致可分为化妆品、洗涤剂、消毒剂、黏合剂、涂料、家用杀虫（驱虫）剂六大类。

化妆品是指以涂抹、喷洒或其他类似方法，施于人体表面任何部位（皮肤、毛发、指甲、口唇、口腔黏膜等），以达到清洁、消除不良气味、护肤、美容和修饰目的的产品。洗涤剂是指按照配方制备的有去污洗净性能的产品。它以一种或数种表面活性剂为主要成分，并配入各种无机助剂、有机助剂等，以提高与完善其去污洗净能力。消毒剂是杀灭环境中微生物的（化学）制剂，家用消毒剂主要为含氯消毒剂（“84”消毒液）、酚类消毒剂（滴露、威露士）、醇类消毒剂（医用酒精）、季胺盐类消毒剂（来苏水）。

对生活在现代社会的人们来说，家用化学品已经成为生活必需品。普通民众在日用化学品的使用中除了要注重其使用效果外，更需要了解日用品的健康相关知识与正确使用方法。

日化产品

56. 怎样选择优质的家用消毒产品？

优质的家用消毒产品应具备以下条件：

（1）高效低毒：杀菌快速且高效无毒。高效消毒剂在较短的时间内能杀灭包括细菌芽孢在内的所有微生物，主要包括过氧化物类消毒剂（如过氧乙酸、过氧化氢、过氧化脲、臭氧、二氧化氯等）、醛类消毒剂（如甲醛、戊二醛等）、烷基化消毒剂（如环氧乙烷等）、含氯消毒剂（如漂白粉、次氯酸钠、次氯酸钙、二氯异氰脲酸钠、三氯异氰脲酸等）。选择有效的消毒剂要看产品说明书中的介绍，重点关注说明书中的杀微生物种类和消毒适用对象等内容。戊二醛、过氧乙酸、高浓度的过氧化氢不适宜家用。过氧化脲无毒无气味，二氧化氯消毒后不产生有害物质，均属于高效无毒的化学消毒剂。

（2）无腐蚀性：不伤皮肤，不损坏衣物等。过氧化物类消毒剂与含氯消毒剂属于强氧化剂，高浓度使用时可对皮肤有腐蚀性，可引起衣物的掉色与损坏。

（3）无刺激性：对皮肤、黏膜无刺激性，无损伤。过氧化物类消毒剂（如臭氧、过氧乙酸等）对呼吸道黏膜有刺激作用；戊二醛会刺激人的皮肤、眼睛、喉咙与肺部，并可引起过敏。乙醇（医用酒精）属于无刺激性消毒剂。

（4）不受有机物影响：有机物不影响杀菌效果。含氯消毒剂、乙醇、二氧化氯、环氧乙烷等消毒剂均易受到有机物的影响。

（5）稳定性好：保存时间长，杀菌效果好。醇类消毒剂易挥发，过氧乙酸、过氧化氢等消毒剂保存时间短；含氯消毒剂中以次氯酸为代表的无机氯作用虽然快速，但其有效氯易丧失。

（6）安全环保：在使用过程中和用后无污染，安全性高。甲醛、有机氯消毒剂等有潜在致癌作用，已逐渐被淘汰，尽量避免选用。二氧化氯、乙醇、过氧化脲、过氧化氢等消毒剂毒性低，在使用时无污染，安全性高。

任何单一的消毒剂都存在一定的不足，因此经常通过化学成分配伍组成复方消毒剂。现实中不存在完美的家用消毒剂。普通民众需要根据自身实际需求和消毒目的，选购由省级以上卫生行政部门批准并持有生产许可证和产品批准文号的正规产品。

最环保、最安全的消毒是物理消毒，即蒸煮和红外线消毒。虽然市场上的新式消毒产品林林总总，但家庭消毒最好使用物理消毒的方法。

如何选择家用消毒品

57. 消毒剂能与杀虫剂混合使用吗？

消毒的任务是将致病微生物消灭于机体外环境中。人们常说的消毒剂一般指的是化学消毒剂，是用于消毒的化学药物。化学消毒剂按化学成分可分为含氯消毒剂、过氧化物类、醛类、杂环类、含碘类、醇类、季胺盐类、酚类、双胍类等。

家用杀（驱）虫剂区别于农业、林业上大面积使用的农药，通常是指在家庭、办公室和公共场所内使用的具有杀灭蚊、蝇、蟑螂、臭虫、跳蚤、老鼠作用的一类化学药品。家用杀（驱）虫剂成分比较复杂，有些成分对人体有害。

消毒剂与杀（驱）虫剂都是化学合成药品，各自化学性质不同，不能直接混合使用。其原因在于：首先，消毒剂与杀虫剂的成分有可能发生化学反应，导致各自的消毒或杀虫效果降低；其次，一些氧化型的消毒剂、含氯消毒剂与杀虫剂混合可能发生剧烈的化学反应，导致爆炸或者释放出有毒或刺激性气体，对人体健康与人身安全造成危害。因此，为了个人的健康与家庭的安全，消毒剂与杀虫剂不得混合使用。

58. 如何正确使用洗涤剂?

日用洗涤剂正在逐步成为当今社会人们生活的必需品。洗涤剂是石油化工产品，它的主要成分是表面活性剂，为了具有更多更好的洗涤功能，市场上的许多产品还添加了一些新的成分，如助洗剂、稳定剂、分散剂、增白剂、香精和酶等。

在使用洗涤剂的同时，洗涤剂造成的化学污染可能正通过各种渠道对人类的健康造成危害。由于这种污染的危害短时间内不是很明显，因此往往会被忽视。但是，微量污染物持续进入体内，积少成多可以造成严重的后果，导致人体的各种病变。表面活性剂、增白剂、助洗剂直接接触或者附着在衣物上，会刺激皮肤，洗掉皮肤上具有保护作用的油脂，从而破坏皮肤角质层，使皮肤变得干燥、粗糙。长期接触洗涤剂还可使皮肤出现瘙痒。某些过敏体质者还会出现皮炎等症状。此外，增白剂、表面活性剂、过多的香精等物质，在与人的皮肤、手接触后还可能使人发生过敏，出现湿疹、皮炎等症状，对健康造成影响。洗涤剂经口长期摄入对人体可能造成的健康影响也不可忽视。有人用洗衣粉做动物的慢性毒性试验，结果动物出现腹泻、体重减轻、不活泼、脾脏缩小等症状，主要毒性表现在对胃蛋白酶和胰酶有很强的抑制作用。极少量的洗衣粉就能抑制这两种酶的活性，从而影响消化功能。此外，洗衣粉的主要原料烷基苯磺酸钠具有一定毒性，对肝脏等内脏也有影响。

正确使用洗涤剂应该注意以下事项：①提倡多使用肥皂，少用合成洗涤剂。可选用天然皂粉，天然皂粉与洗衣粉相比，更适合洗贴身衣物。②洗脸用香皂最好选用含香料或色素较少，碱性稍弱的淡色皂，因为皮肤长期受香料或色素刺激会对紫外线异常敏感；使用碱性过强的香皂对皮肤有刺痛感，易引起过敏性皮肤病。婴幼儿最好使用婴儿专用香皂，且不宜经常使用，老年人选用香皂时，应选择性情温和的润肤性香皂或能杀菌止痒的药皂，尽可能避免使用碱性较大，有刺激性、脱脂作用强的香皂。③使用洗衣粉的注意事项：首先，应根据需要选择合适的洗衣粉。高泡型洗衣粉适用于手工洗涤，低泡型洗衣粉易于漂清，适合机洗；加酶型洗衣粉适合洗涤汗渍、奶渍和血污；漂白型洗衣粉适合洗白色衣物。要选购对水质污染小的无磷洗衣粉，含磷洗衣粉会对皮肤产生刺激，长期使用会使手掌粗糙、脱皮、发痒、裂口、起水疱等，穿上含磷洗衣粉洗过的衣服可能造成皮肤瘙痒。其次，根据衣物的多少适量添加洗衣粉，而且注意增加漂洗的次数，把衣服漂洗干净。贴身的衣物如果漂洗不干净，残留在上面的洗衣粉可损害皮肤。最后，有过敏体质的人，如果使用加酶洗衣粉或穿用加酶洗衣粉洗过的衣服，可能引起过敏反应。④瓜果蔬菜、餐具等切不可用洗衣粉进行清洗。用洗衣粉水清洗的餐具，虽经清水冲洗，洗衣粉中的高含量烷基苯磺酸钠也难免残留在这些餐具上，如果长期使用这些餐具，就会使残留的化学成分随食物进入人体产生不利影响。特别是用洗衣粉洗直接入口的瓜果就更不安全了，因为擦抹在水果上面的洗衣粉，会随水溶液渗入瓜果的

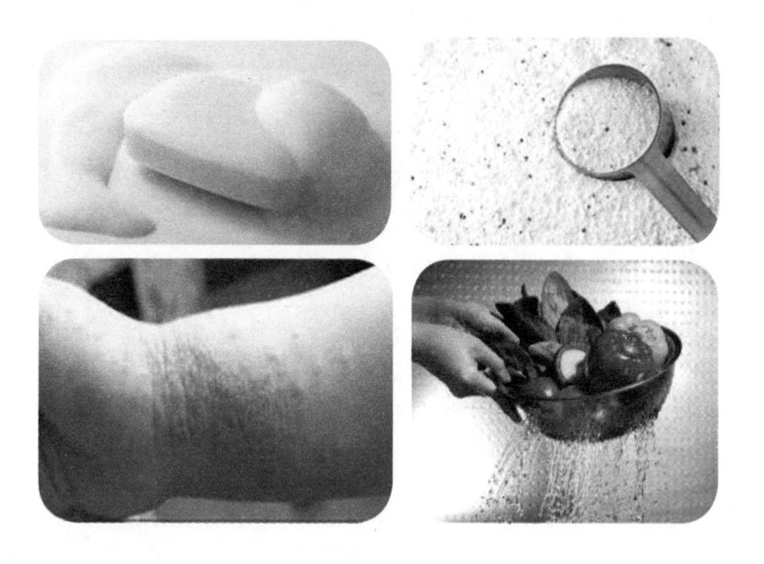

内部，而渗入内部的洗衣粉中有毒成分是无法冲洗掉的。如果人们吃了这些含有洗衣粉的瓜果，就会对健康产生有害的影响。瓜果蔬菜正确的清洗方法是：根据被洗瓜果蔬菜的多少及污垢存留的情况，在清水中滴几滴或滴十几滴洗涤灵，搅拌一下，再将瓜果蔬菜放在里面浸泡5～10分钟，捞出后沥干，用清水冲洗3～4遍，即可放心食用了。餐具清洗须用洗涤灵进行清洗，然后用清水冲洗3～4遍，以餐具无明显残留为宜。

59. 减少洗衣粉、肥皂、合成洗涤剂的使用，保护环境

《化工百科全书》将洗涤剂定义为：指按照配方制备的有去污洗净性能的产品。它以一种或数种表面活性剂为主要成分，并配入各种无机助剂、有机助剂等，以提高与完善去污洗净能力。有时为了使其具有多种功能，也可加入杀菌剂、织物柔软剂或者具有其他功能的洗涤剂包括皂类洗涤剂（主要以天然油脂为原料）和合成洗涤剂（主要以石油化工产品为原料）。

肥皂所用原料是天然油脂，属于可再生资源；肥皂使用后随水排出，并能很快被微生物分解。所以相对来说，肥皂在生产和使用过程中对环境造成的影响非常轻微。

合成洗涤剂问世以来，给人类的生活带来了极大的方便，为人类做出了重大的贡献。但合成洗涤剂也带来许多环境问题，包括：①洗涤剂的泡沫会污染水源。合成洗涤剂（洗衣粉等）广泛用于洗涤业，并逐步取代肥皂。20 世纪 70 年代洗涤剂中的表面活性剂为支链烷基苯磺酸钠，该物质不易被生物降解，洗涤剂中的大量泡沫就是由这些支链烷基苯磺酸钠在水中聚集所产生的。为解决泡沫对水体的污染问题，人们开始采用直链烷基苯类化合物代替支链烷基苯磺酸钠。直链烷基苯类化合物在环境中基本可被生物降解，对生态环境是安全的；但在其生产和使用过程中大剂量接触对人体健康还是有一定危险的，尤其是它的生殖毒性更值得引起重视。②洗涤剂中的磷酸盐造成水体富营养化。洗涤剂中除了表面活性剂外，还有许多助剂，其中三聚磷酸盐是合成洗涤剂最理想的助剂，可大大提高洗涤剂的性能。由于含洗涤剂的废水大多通过下水道排入江河湖海，因此直接使水体产生富营养化。水中含磷量增高，可使饮用水水源地含磷、氮等营养成

洗涤剂危害

分超标造成水藻过量繁殖，水体发臭，使饮用水水质降低，严重时可影响人们身体健康。

60. 什么样的厨房才是卫生的？

厨房是我们日常生活中制作、存放食物和饮水的重要场所，厨房卫生对我们的健康非常重要。注意以下细节，你的厨房将会更加有利于健康：

厨房卫生

（1）厨房整洁，摆放有序，餐具要放在有纱门的柜子里或把它罩上，以防尘、防蝇、防虫。

（2）饭后清洗餐具，盘子、碗用清水冲干净后倒着放，让它自然干燥，不要用抹布擦；锅、勺子、铲子等洗干净后也让它自然干燥，不要用抹布擦。

（3）筷子洗干净后也不要用抹布擦，要将筷头（往嘴里放的一端）朝上，立着放在一个底部有小孔的小盒子里。

（4）泔水桶不要放在厨房里，而且要经常清洗。

（5）地面保持干净、干燥。

（6）经常开窗通风，特别是在煎炒时要将产生的油烟通过烟道排放。